지은이
김민지

모던한식 레스토랑 '민스키친'의 오너셰프. 오케스트라에서 바순 연주자로 활약한 저자는 1994년 네덜란드로 유학을 떠나 현지 식재료로 한식 만들기를 취미로 즐기다가 귀국 후 한식 연구가에게 사사했다. 연희동과 신사동에 자리한 '민스키친'은 어린아이부터 어르신까지 고객층이 다양하며 한국을 찾은 외국인 관광객이 꼭 들러야 할 명소로 유명하다. 남녀노소, 글로벌한 입맛까지 사로잡으며 한식의 세계화에 앞장서고 있다.

저자는 2009년 세계적인 유명 요리사들이 개발한 한식을 선보인 '어메이징 코리아 테이블'에 참가했으며 올리브TV의 〈올리브쇼〉 〈홈메이드쿡〉 〈아바타 셰프〉 등의 다수 방송프로그램에서 맛좋고 건강한 한식을 소개하고 있다. 저서로 《사계절 한식 코스요리》, 전국의 명인들을 만나며 한식을 깊이 성찰한 《코리안 아이콘을 찾아서》가 있다.

김민지의 맛나는 집반찬

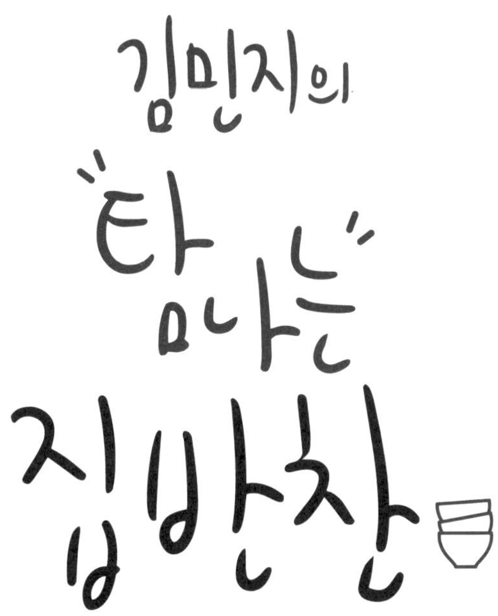

집밥 고민이 없어지는 밑반찬, 국 · 찌개, 계절메뉴 92가지

김민지 지음

이덴슬리벨

프롤로그

오늘 반찬 뭐하지?

으레 사람들을 만나면 "식사하셨어요?", "뭐 먹었어?"라는 인사말을 건넵니다. 예전엔 한 끼를 해결하기 힘들 만큼 먹을 것이 없어서였지만 지금은 그보다 풍족한 세상이 되었어도 여전히 우리는 이런 인사말을 주고받아요. 한 끼를 챙기는 따뜻한 마음이 이어지고 있어서겠지요?
저도 친구나 지인 들을 만나면 이 인사말로 말문을 열어요. 무엇을 먹었는지, 저 집은 뭐에다 밥을 먹었는지 항상 궁금해요. 특히 주부들의 첫 번째 고민이 '오늘 반찬 뭐하지?'일 정도로 '반찬'에 관심이 갑니다.

저는 9년간 '민스키친'이라는 한식 레스토랑을 하면서 어떻게 하면 오감을 두루 만족시키는 반찬을 만들 수 있을까 고민해왔어요. 매일 세 가지 반찬을 상에 올리는데 그 종류가 매번 달라요. 그래서 요리보다 더욱 신경을 쓰게 됩니다. 단골손님이 자주 오기 때문에 때로는 여러 가지 반찬을 준비해야 할 때도 많아요. 젓갈이나 장아찌는 빠지지 않고 준비하는 반찬입니다. 김치 종류도 배추김치는 기본으로, 거기에 별미김치 한 가지를 꼭 준비하지요. 여기에 그날그날 새롭고 특별한 반찬을 만들어왔어요.

반찬에 대한 고민을 긴 시간 해오면서 제 나름의 독특한 노하우와 메뉴가 생겨났어요. 그 중에서 '그 나물에 그 밥상'이라며 타박하는 가족들에게 조금은 색다른 맛과 모양을 선보일 수 있는 반찬들을 골라 이 책에 담았습니다. 일품요리 부럽지 않은 반찬들이 밥상을 돋보이게 할 거예요. 또한 늘 머릿속에서 떠나지 않는 반찬 고민을 손쉽게 날려줄 거예요. '오늘 반찬 뭐하지?' 고민은 이제 안녕~.

맛있는 반찬에 식사를 하고 나면 병이 낫는다고도 하고, 힘이 난다고도 말합니다. 잘 먹고 잘 살기 위한 첫걸음이 건강하고 맛있는 밥반찬에 있는 것은 아닐까요? 이 책에 소개된 반찬을 만들며 나른한 일상의 소소한 가치와 행복을 느끼시는 것은 덤이에요.

신사동에서 김민지

맛있는 반찬, 이것만 알아두면 쉬워요

• 나물의 물기는 최대한 꽉 짜주세요

시금치, 취나물, 숙주, 쑥갓, 비름나물 등 향이 좋은 제철 나물의 제 맛을 살리려면 수분 관리가 필요해요. 생채로 무칠 경우엔 깨끗이 씻은 다음 채반이나 체에 담아 물기를 뺀 다음 무치세요. 그리고 데쳐서 무칠 경우에는 소금을 넣은 끓는 물에 데친 후 손으로 물기를 꽉 짜주세요. 나물은 시간이 지날수록 수분이 생겨 양념이 희석되거든요. 또한 무칠 때도 양념이 잘 배지 않아 겉돌 수 있어요.

• 간이 잘 배도록 꼼꼼하게 무치세요

음식은 손맛이라고 하죠. 손질한 재료에 양념을 넣고 조물조물 꼼꼼하게 무쳐 양념이 잘 배게 하세요. 나물반찬이라면 손으로 무치기만 하면 완성이지요. 다른 요리의 경우 미리 양념에 버무려 한두 시간 이상 냉장고에 두었다가 요리하면 맛이 훨씬 좋아요.

• 소금보다는 국간장을 이용하면 깊은 맛이 나요

간장은 숙성 기간에 따라 국간장, 양조간장, 진간장으로 나뉘어요. 갓 담근 간장인 국간장은 염도는 높고 당도는 낮은 편이지요. 3년 정도 숙성된 양조간장은 염도가 중간 정도이고, 5년 이상 숙성된 진간장은 염도는 낮아지고 당도가 높아져요. 색도 진하고요. 셋 중 염도가 높은 국간장을 소금 대신 국물요리나 무침요리에 사용하면 요리의 풍미를 높일 수 있어요. 다만 콩나물국이나 소고기무국처럼 맑은 국물요리에는 자칫 국물 색이 탁해질 수 있으니 간장을 살짝 넣어 맛과 향을 내고, 소금으로 간을 맞추는 것이 알맞아요.

• 고기육수보다는 멸치국물을 쓰세요

요리에 들어가는 육수로 저는 주로 멸치국물을 써요. 고기육수보다 담백하고 감칠맛이 좋기 때문이에요. 국물용 멸치를 마른 팬에 살짝 볶거나 전자레인지에 살짝 돌려 비린내를 없앤 후 뚜껑을 연 채 국물을 내세요. 국물용 멸치 20마리(20g)에 물 5컵(1*l*)의 분량으로 팔팔 끓이시고요. 약불로 줄여 15분간 끓이고 멸치를 건져낸 후 식혀서 사용합니다.

• 쪽파보다는 대파가 좋아요

요리할 때 파를 넣고 마무리할 때가 많지요. 우리나라 음식에서 빼놓을 수 없는 재료이지요. 이때 쪽파보다 대파를 많이 쓰는데, 맛이 두 배가 된답니다. 대파는 주로 하얀 줄기 부분을 이용하는데 영양분도 그쪽에 더 많아요. 고기와 생선의 좋지 못한 냄새를 없애주고 다른 식품의 맛을 돋우는 역할을 하지요.

• 음식을 보관하는 통의 물기를 완전히 제거하세요

음식을 보관할 때 통을 깨끗이 씻어 물기를 완전히 말린 다음 사용하세요. 물기가 남아 있으면 음식이 빨리 상하고 곰팡이가 쉽게 생길 수 있답니다.

• 수분이 많은 채소는 소금에 살짝 절였다 사용하세요

애호박, 무, 오이 등 수분이 많은 채소는 소금에 살짝 절여서 요리하세요. 사각사각 씹는 맛이 좋아지고 채소가 가지고 있는 특유의 아린 맛도 없어져요.

반찬은 재료 보관이 중요해요

채소 _ 모든 요리에 빠지지 않고 사용되는 채소. 채소는 사온 날 손질하여 신문지에 말아 냉장보관 하세요. 씻어서 보관하면 습기 때문에 빨리 상할 수 있어요. 씻지 않고 간단히 손질한 상태로 보관하세요. 뿌리가 있는 채소는 뿌리를 아래쪽으로 가도록 세워서 보관하면 더 오랫동안 싱싱함이 유지돼요.

생선 _ 그때그때 먹을 만큼 구입하는 것이 가장 좋습니다. 오래 보관이 필요한 경우, 사온 날 바로 손질하여 한 마리씩 냉동하세요. 손질할 때 내장을 제거한 후 내장과 아가미 부분은 옅은 소금물(물 3컵에 소금 1큰술)에 씻어줍니다. 소금물은 살균 효과도 있고 틈새의 피를 빼줍니다. 그런 후 키친타월로 물기를 잘 닦아서 냉동보관 하세요. 이때 올리브유를 겉면에 살짝 바른 후 랩으로 포장하여 보관하면 기름이 표면에 보호막을 만들어 세균의 침입을 막고 영양소 손실도 막아줘요.

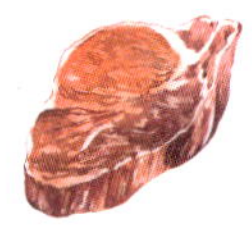

고기 _ 고기도 생선과 마찬가지로 겉면에 올리브유를 바른 다음 한 번 먹을 양만큼 랩으로 싸서 냉동보관 하세요. 삼겹살 같은 구이용은 고기를 펼쳐서 보관합니다. 고기는 냉장은 1~2일, 냉동은 3주 내에 먹는 것이 좋습니다.

마른 해조류(김, 다시마 등) _ 반찬용 김은 두꺼운 게 좋습니다. 다시마는 표면에 흰 분이 고루 퍼져 있고 잔주름이 없는 것이 최상품이에요. 보관할 때에는 공기가 들어가지 않게 밀폐용기나 지퍼백에 넣어 냉동보관 합니다. 이때 용기 바닥에 키친타월을 깔면 눅눅해지는 것을 막을 수 있어요.

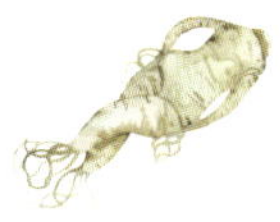

수삼, 인삼 등 _ 손질하지 않고 그대로 신문지에 말아서 서늘한 곳에 보관합니다. 부패하기 쉬우므로 구입한 후 보름 내에 사용하세요.

젓갈 _ 한 번 먹을 양만큼 조금씩 나누어 냉동보관 합니다.

〈탐나는 집반찬〉의 계량 방법

계량 도구
- 큰술 : 밥숟가락
- 작은술 : 찻숟가락
- 종이컵

CONTENTS

PART 02 여름 반찬

PART 03 가을 반찬

PART 04 겨울 반찬

PART 01

봄 반찬

요리별 난이도
Easy
조리시간 : 10분
냉장보관 : 3일

숙주물나물

시원하고 아삭한 맛이 일품인 숙주. 숙주는 녹두의 어린 싹을 말하는데 예전부터 전통 차례상에 빠지지 않고 올라가는 음식이에요. 우리 몸에 효능도 좋아요. 여러 가지가 있지만 그 중에서도 몸의 독소를 빼내는 데 탁월한 효과가 있어요. 한의학에서는 녹두의 성질이 차서 열을 없애고 독을 풀어준다고 해요.

저는 흔히들 숙주를 먹는 방식과는 좀 다르게 만들어 먹어요. 숙주물나물은 연희동 민스키친에 계시는 이모님이 가끔 해주셔서 배운 요리예요. 숙주는 데치고 나면 수분이 많아 금세 숨이 죽어버리는데 물을 부어 놓으면 시간이 지나도 아삭한 맛이 그대로 살아 있어요.

지금도 민스키친에서 가끔씩 나가는 반찬이에요. 손님상에 내도 손색없는데 반찬 종지가 아닌 유리컵에 시원하게 담아내면 또 다른 느낌이에요. 숙주 대신 콩나물로 만들어도 괜찮아요.

준비 재료

숙주 1봉지(약 270g), 쪽파 2뿌리, 홍고추 1개, 물 2½컵(500㎖), 국간장 1큰술, 소금 한꼬집

How to make

❶ 숙주는 끓는 물에 살짝 데친 후 30초간 얼음물에 담가 식힌다.

❷ 깨끗하게 씻은 홍고추는 반으로 길게 가른 후 숟가락으로 씨를 빼고 3㎝ 길이로 채 썬다.

❸ 쪽파도 같은 크기로 채 썬다.

❹ 모든 재료를 볼에 넣고 국간장으로 간한다.

❺ 분량의 물을 넣고 소금으로 나머지 간을 한다.

- 양이 많을 경우 재료의 양을 반으로 줄여도 괜찮지만 숙주는 금세 상하기 때문에 되도록 한번에 한 봉지를 전부 조리하세요.
- 숙주를 데친 후 얼음물에 오래 담가 놓으면 숙주 맛이 다 빠질 수 있어요. 식었다 싶으면 바로 건져 내세요.
- 홍고추는 씨를 빼야 나물의 식감을 살릴 수 있습니다.
- 숙주 외의 부재료들은 숙주와 비슷한 모양과 크기로 채 썰어야 먹기도 좋고 맛도 좋답니다.

Cooking tip

끓는 물에 넣었다 바로 빼서 아주 살짝!!
데쳐야 아삭아삭!

요리별 난이도
Easy
조리시간 : 25분
냉장보관 : 1~2일

통도라지초무침

준비 재료

통도라지 100g, 설탕 1큰술

양념: 고운 고춧가루 1작은술, 다진 마늘 ½작은술, 진간장 ½작은술, 식초 1작은술, 통깨 ½작은술, 소금 한꼬집

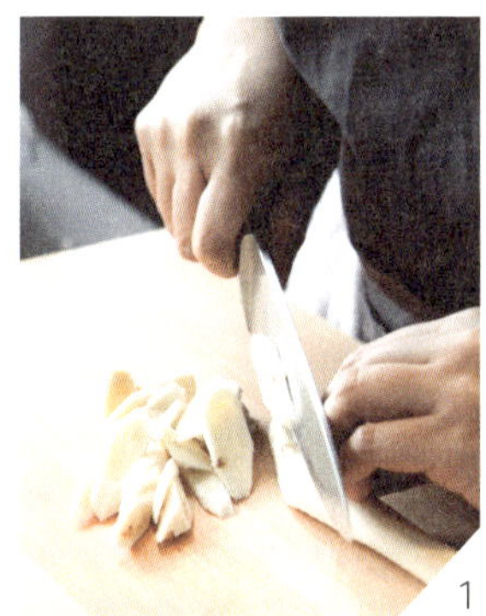
1

2

3

How to make

❶ 도라지는 껍질을 벗긴 후 어슷하게 썬다.

❷ 어슷하게 썬 도라지에 분량의 설탕을 넣고 버무린 후 설탕이 녹을 때까지 20분 정도 그대로 둔다.

❸ ②에 양념 재료를 모두 넣고 고루 버무려 완성한다.

- 도라지는 칼슘과 철분이 많이 들어 있고 특히 사포닌 성분이 있어 호흡기 질환에 좋아요. 그런데 뿌리 쪽의 뇌두가 이런 효능을 억제하기 때문에 꼭 제거한 다음 껍질을 벗기세요.
- 도라지는 자칫 쓴맛이 날 수 있어요. 양념을 섞기 전에 설탕을 먼저 넣으면 쓴맛이 빨리 제거된답니다.

요리별 난이도
Medium
조리시간 : 20분
냉장보관 : 1~2 일

달래생채

준비 재료

달래 200g, 깐 밤 2개, 청오이 1개, 사과 ¼개, 대추 3개

양념: 진간장 3큰술, 참치액 1작은술, 고춧가루 3큰술, 설탕 2큰술, 식초 2큰술, 깨소금 2큰술, 후춧가루 조금

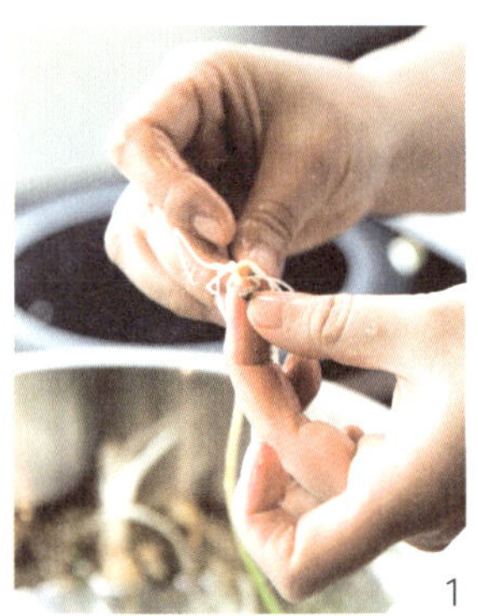
1

2

3

4

How to make

❶ 달래는 동그란 알뿌리 부분을 흐르는 물에 흔들어가며 깨끗이 씻는다.

❷ 달래의 알뿌리는 두들겨 준비하고 3㎝ 길이로 자른다.

❸ 대추, 사과, 밤은 채 썰고 청오이는 굵은 소금으로 문질러 깨끗이 씻은 후 껍질 부분을 돌려 깎은 후 채 썬다.

❹ 분량의 양념 재료를 채 썬 채소에 넣어 버무린다.

민지 셰프의 요리 kick!!!

- 오이의 흰 부분을 사용하면 물이 생겨 맛이 빨리 변해요. 껍질 부분만 사용하세요.
- 달래의 알뿌리에 돌이 있을 수 있으니 흐르는 물에 꼼꼼히 씻으세요.

요리별 난이도

Easy

조리시간 : 20분

냉장보관 : 3일

파래무침

준비 재료

파래 350g, 무 200g, 소금 1큰술

양념: 국간장 1큰술, 식초 1큰술, 매실액 1큰술, 참기름 ½큰술, 다진 마늘 ½큰술, 통깨 한꼬집

1

2

3

How to make

❶ 파래는 소금물에 주물러 씻은 후 손으로 물기를 꼭 짠다.

❷ 무는 곱게 채 썰어 소금을 뿌려 10분 정도 절인 후 물에 씻어 물기를 꼭 짠다.

❸ 물기 뺀 파래와 무를 볼에 한데 담고 양념을 넣어 무친다.

민지 셰프의 요리 kick!!!

• 무채는 최대한 곱게 썰어야 파래와 잘 어우러져요.

Cooking tip

무를 절인 다음 물기를 제거해야 아삭해요.

요리별 난이도

Easy

조리시간 : 20분

냉장보관 : 2일

쪽파미나리무침

준비 재료

쪽파 300g, 미나리 100g, 소고기 100g

소고기양념: 진간장 1큰술, 다진 파 1작은술, 깨소금 ½작은술, 후춧가루 조금, 참기름 1작은술

전체 양념: 진간장 1큰술, 고춧가루 1큰술, 깨소금 1큰술

1

2

3

4

How to make

❶ 쪽파와 미나리는 깨끗이 씻어 끓는 물에 30초 정도 살짝 데친 후 찬물에 바로 헹군다.

❷ 손으로 지그시 눌러 물기를 짠다.

❸ 소고기는 양념하여 팬에 볶아 준다.

❹ 볶은 소고기가 식으면 3㎝ 길이로 자른 쪽파와 미나리를 넣고 전체 양념을 넣어 고루 버무린다.

민지 셰프의 요리 kick!!!

- 쪽파와 미나리는 데친 다음 최대한 물기를 제거해야 맛있게 조리할 수 있어요.

요리별 난이도
Medium
조리시간 : 20분
냉장보관 : 일주일

소고기김무침

저는 김을 굉장히 좋아해요. 김부각부터 그냥 구운 김까지 두루 다양하게 만들어 먹어요. 그래도 김을 주재료로 하는 레시피가 많은 편은 아니에요. 그중 김무침을 자주 해먹는답니다. 나이 들면서 골다공증이 걱정되기도 하는데 김은 골다공증은 물론 기미, 주근깨를 방지하는 효과가 있다니 더 자주 먹으려고 해요.

보통 김무침 하면 쪽파만 넣고 무치는 경우가 많은데 소고기를 넣으면 의외로 맛이 좋아진답니다. 소고기가 맛을 돋우는 역할을 하지요. 언젠가 주먹밥을 만들다가 우연히 찾은 레시피예요. 소고기와 김에 양념을 넣고 조물조물 무치기만 하면 끝나는 초간단 밑반찬이지요.

소고기 외에도 부추, 시금치, 실파 등을 넣고 만들기도 해요. 뭐니 뭐니 해도 소고기를 따라올 수는 없죠. 주말이면 자주 만들어 먹는 반찬이랍니다.

준비 재료

김 10장, 소고기 100g, 쪽파 2뿌리, 홍고추 ½개, 참기름 1큰술
소고기양념: 국간장 1작은술, 다진 마늘 1작은술, 깨소금 1작은술, 멸치국물 3큰술

How to make

❶ 김은 약한 불에 앞뒤로 한 번씩 돌려가며 살짝 구워 봉지에 넣고 잘게 부순다.
❷ 소고기는 찬물에 담가 핏물을 제거한 다음 양념해서 팬에 볶는다.
❸ 볼에 김과 소고기를 담고 참기름을 넣어 버무린 후 송송 썬 쪽파와 홍고추를 넣어 완성한다.

- 김과 소고기에 참기름을 넣고 버무릴 때 오래 버무려야 김에 간이 잘 배어들어 맛있어요.
- 김은 두꺼운 게 맛있답니다. 표면에 잡티가 적어야 하고 검고 광택이 많이 날수록 상품입니다. 품질을 구별하는 확실한 방법은 김을 조금 잘라서 물에 넣어 보았을 때 흐물흐물하게 녹으면서 물이 탁해지지 않을수록 좋은 김이에요.

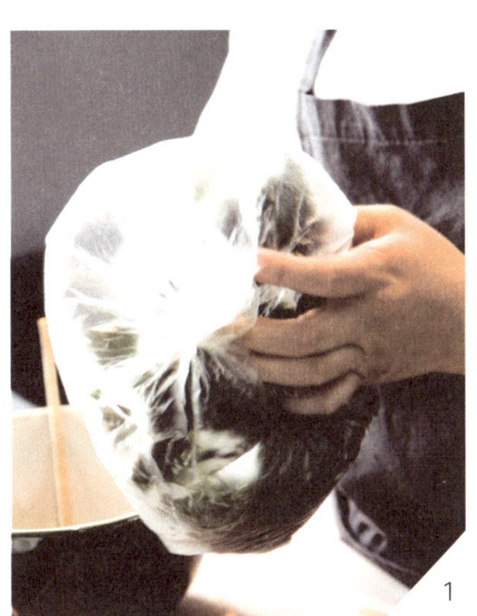
1

2

3

Cooking tip

구운 김을 봉지에 넣고
부수면 깔끔해요.

요리별 난이도

Easy

조리시간 : 30분

냉장보관 : 일주일

황태고추장무침

준비 재료

황태채 100g, 멸치국물 2컵

양념: 고추장 3큰술, 물엿 1큰술, 진간장 2큰술, 고춧가루 1큰술, 매실액 2큰술, 통깨 2큰술, 굵게 다진 마늘 1큰술, 참기름 1큰술

1

2

3

How to make

❶ 먹기 좋은 크기로 자른 황태채에 멸치국물을 부어 20분 정도 불린 후 손으로 물기를 꼭 짠다.

❷ 마늘은 칼등으로 누른 후 굵게 다진다.

❸ 황태채에 분량의 양념을 넣고 버무린다.

- 황태채는 곱게 찢어서 써야 간이 잘 배어 맛있어요.

요리별 난이도

Medium

조리시간 : 25분

냉장보관 : 2일

냉이조갯살무침

준비 재료

냉이 400g, 조갯살 200g

양념: 된장 · 고추장 · 고춧가루 · 물엿 · 식초 · 맛술 1큰술씩, 깨소금 · 들기름 2큰술씩

1

2

3

How to make

❶ 냉이는 흙을 살살 털어내고 시든 잎을 뗀 후 칼 끝으로 잔뿌리를 살살 긁어내고 물에 흔들어 씻는다.

❷ 끓는 물에 1분간 데쳐 찬물에 2분간 담근 후 손으로 물기를 짠다.

❸ 조갯살은 내장을 제거하고 끓는 물에 청주를 넣고 데친 다음 양념장 ⅔를 넣어 무친다. 냉이를 넣고 남은 양념장을 마저 넣어 무친다.

민지 셰프의 요리 kick!!!

• 조갯살은 내장을 제거하고 청주를 넣어 데치면 비린내가 나지 않아 깔끔해요.

Cooking tip

내장을 꼭 제거해 주세요!

요리별 난이도

Medium

조리시간 : 30분

냉장보관 : 3~4일

고사리들깨찜

제가 선호하는 식재료에는 여러 가지가 있지만 그중에 특히 고사리를 좋아해요. 밤색의 통통한 고사리를 마주하면 흐뭇한 마음이 절로 든답니다. 평소처럼 고사리나물로 무쳐 먹어도 맛이 좋지만 색다른 레시피를 원한다면 찜 요리를 한 번 해보세요.

마른 고사리를 불려 끓는 물에 데쳐서 사용해도 되고, 간편하게 데친 고사리를 사도 괜찮아요. 여기에 들깨를 넣고 푹 찌면 굉장히 부드럽고 깊은 맛이 별미예요. 특히 이 메뉴는 아이들보다는 어른들이 좋아하는 메뉴예요. 얼마 전에 60대 어르신들이 오셨는데 고사리들깨찜을 반찬으로 드렸더니 메인요리보다 고사리들깨찜 반찬을 더 맛있게 드시더라고요. 다음에도 이 반찬을 꼭 부탁한다며 가시더군요. 저는 밥에 넣기도 하고 전을 부치기도 하는 등 고사리를 다양하게 해먹는 편인데 그중에 들깨찜이 제일 맛있어요.

준비 재료

고사리 400g, 멸치국물 1½컵(300㎖), 들깨가루 5큰술, 쌀가루 2큰술, 느타리버섯 100g, 국간장 1큰술, 다진 마늘 1큰술, 다진 파 1큰술

How to make

❶ 느타리버섯을 손으로 찢어 준비한다.
❷ 데친 고사리에 다진 마늘, 다진 파와 국간장을 넣고 무친다.
❸ 냄비에 느타리버섯, 고사리를 담고 멸치국물을 부어 함께 끓인다.
❹ 한소끔 끓이다가 들깨가루를 넣는다.
❺ 마지막으로 쌀가루 2큰술을 넣어 조금 더 끓여 완성한다.

- 버섯류는 물을 쉽게 흡수하기 때문에 물에 씻지 말고 이물질만 털어서 재료를 손질합니다.
- 쌀가루를 넣으면 더욱 부드러워요.
- 너무 센 불에서 조리하면 국물이 금세 졸아 탈 수 있으니 중불에서 불을 조절해 가며 조리하세요.
- 고사리는 건조된 상태에서 짙은 밤색을 띠며 대가 통통해서 쭈글쭈글하지 않은 것이 좋습니다. 삶은 고사리는 약간 밝은 색을 띄는 것이 맛있습니다.

1

2

3

4

5

Cooking tip

느타리는 잘게 찢어서
쫄깃한 식감을 살려 주세요.

요리별 난이도
Medium
조리시간 : 4시간
냉장보관 : 일주일

멍게젓갈

바다의 봄을 알린다는 멍게. 파란 바다를 보며 멍게 회 한 점 입안에 넣으면 그 향에 취하고 풍경에 취하곤 하죠. 작년 봄, 해산물 시장에 갔다가 멍게가 하도 싱싱해서 한가득 사온 적이 있어요. 5월 제철을 맞아 상큼하고 시원한 맛이 환상이었어요.

싱싱하고 향이 좋아 그냥 날 것을 썰어 손님상에 냈어요. 그런데 생각만큼 손님들이 좋아하지 않더라고요. 좀 더 맛있게 먹을 수는 없을까, 궁리를 했어요. 멍게젓갈을 담그기로 했지요. 멍게젓갈은 밥도둑 중의 명물로 꼽히는 녀석이죠. 멍게젓갈만 있으면 멀리 떠나지 않아도 집에서 멍게비빔밥을 먹을 수 있어요.

젓갈을 담가 손님상에 냈는데 반응이 정말 뜨거웠어요. 곧장 인기 메뉴로 등극했지요. 또한 반주하시는 분들도 멍게 회보다 멍게젓갈을 더 좋아하시더라고요. 야심한 밤에 출출하다면 멍게젓갈에 참기름 한 방울만 떨어뜨려 야참으로 먹기에도 안성맞춤이죠.

준비 재료

멍게 7~8개, 편마늘 2개 분량, 청양고추 2개, 천일염 1큰술

양념: 고춧가루 1큰술, 고운 고춧가루 1작은술, 멸치액젓 1큰술, 생강즙 조금

How to make

❶ 멍게는 머리 부분을 잘라내고 껍질을 제거한 다음 반으로 가른다.

❷ 멍게살 안쪽을 정리한 다음 한입 크기로 썬다.

❸ 손질한 멍게에 천일염 1큰술을 뿌린 후 냉장고에 3~4시간 둔다.

❹ 마늘을 편으로 썰고 청양고추는 송송 썬다.

❺ ③의 멍게에 분량의 양념을 한 후 물기를 완전히 제거한 통에 담아 냉장보관 하고 2~3일 지나 먹는다.

- 멍게를 소금에 절이면 물이 많이 생겨요. 양념하기 전에 물은 따라 버려야 식감이 좋습니다.
- 천일염을 써야 바다 내음이 나서 맛을 돋워줍니다.

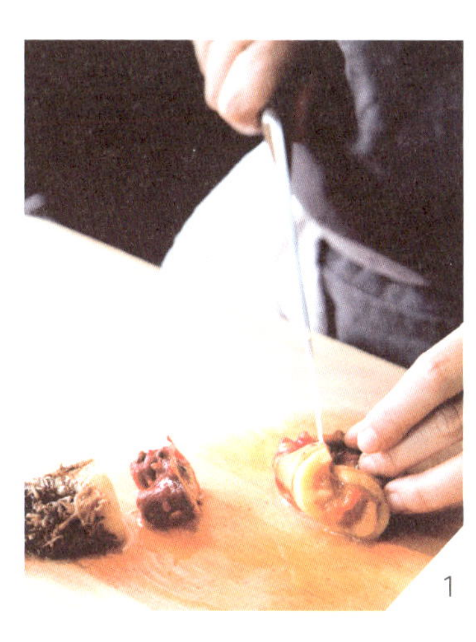
1

2

3

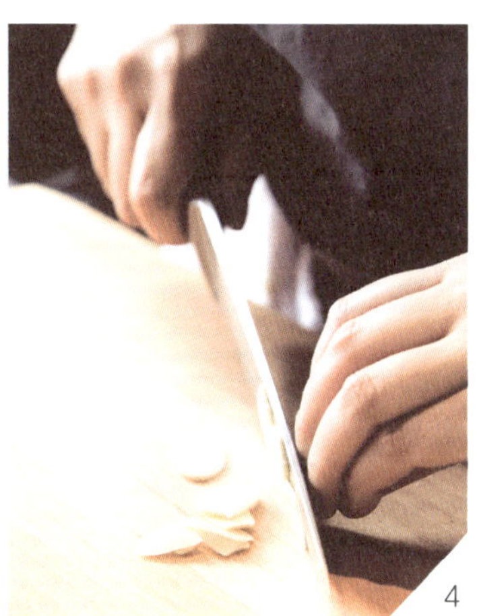
4

5

Cooking tip

편마늘, 청양고추의 물기를
제거한 후 넣으세요!

요리별 난이도
Medium
조리시간 : 30분
냉장보관 : 1일

키조개소고기볶음

살랑살랑 봄바람이 불 때, 특히 4월에 잡히는 키조개는 담백한 맛이 일품이에요. 커다란 조개 안에 쫄깃쫄깃 야들야들한 날개, 꼭지, 관자가 들어 있죠. 곡식따위를 까부르는 '키'를 닮았다 해서 키조개라는 이름이 붙었다고 해요. 키조개 속에는 혈액 속의 콜레스테롤 수치를 떨어뜨리는 타우린이 풍부하게 들어 있답니다.

조개구이 집에 가면 넓은 키조개 껍데기 위에 속살을 양념해서 구워줘요. 그럼 한바탕 젓가락 전쟁이 벌어지는데 이렇게 인기 많은 키조개를 사다가 볶음 요리를 만들었어요. 키조개소고기볶음은 연희동에 있는 중국집에서 영감을 받아 만들어본 요리예요. 맛을 본 후 꼭 만들어봐야겠다고 생각했는데 의외로 만들기 쉽고 맛있더라고요. 키조개를 볶을 때 나오는 육즙은 그 어떤 조미료보다 맛있어요. 거기다 소고기를 볶으면 정말 맛이 두 배가 돼요. 어른 아이 모두 좋아하는 메뉴예요. 가끔 민스키친에서 특선요리로 나가고 있지요.

준비 재료

키조개 2개, 소고기(등심 or 부채살) 100g, 아스파라거스 2대, 마늘 1쪽, 홍고추 ½개, 소금·후춧가루 조금씩

How to make

❶❷ 키조개는 얇은 막을 제거한 뒤 0.5㎝ 정도로 얇게 저민다.

❸ 아스파라거스는 4㎝ 크기로 썰고 홍고추는 어슷하게 썬다.

❹ 소고기는 키조개와 비슷한 크기로 썰어 소금과 후춧가루로 간한다.

❺ 팬에 식용유를 두른 후 편으로 썬 마늘을 먼저 넣어 노릇해질 정도로 익힌다. ④의 소고기를 넣고 반 정도 익으면 키조개를 넣어 같이 볶는다.

❻ 어느 정도 익으면 아스파라거스와 홍고추를 넣고 소금과 후춧가루로 간하여 마무리한다.

• 키조개와 소고기는 오래 구우면 질겨집니다. 센 불에서 빠르게 익히세요.

QR코드를 찍으면
만들기 동영상

1  2  3

4  5  6

요리별 난이도
Hard
조리시간 : 4시간
냉장보관 : 2일

원추리나물 도미조림

준비 재료

도미 1마리(700g), 원추리나물 300g, 무 200g, 대파 1대, 청양고추 · 홍고추 · 양파 1개씩, 멸치국물 3컵(600㎖), 청주 3큰술

양념장: 고춧가루 5큰술, 진간장 5큰술, 다진 마늘 2큰술, 다진 파 4큰술, 다진 생강 ½큰술, 청주 2큰술, 설탕 2큰술, 참치액 1큰술

1

2

3

4

5

How to make

❶ 원추리나물은 소금을 넣은 끓는 물에 살짝 데친 후 찬물에 3시간 이상 담가 둔다.

❷ 도미는 칼등으로 비늘을 제거한 후 3토막을 내어 청주를 뿌려 둔다.

❸❹ 분량의 재료를 섞어 양념장을 만든다. 멸치국물에 무를 넣고 끓이다가 양념장의 절반과 도미를 넣고 끓인다.

❺ 도미가 어느 정도 익으면 나머지 양념장과 청주, 원추리나물, 대파, 청양고추, 홍고추, 양파를 넣어 살짝 더 끓인 후 마무리 한다.

• 원추리나물은 데친 다음 3~4시간 물에 담가 독성을 제거한 후 사용하세요. 그런 후 끓는 물에 살짝 데쳐야 해요. 오래 가열하면 물러질 수 있으니 주의하세요.

Cooking tip

멸치국물을 넣으면 감칠맛이 나요!

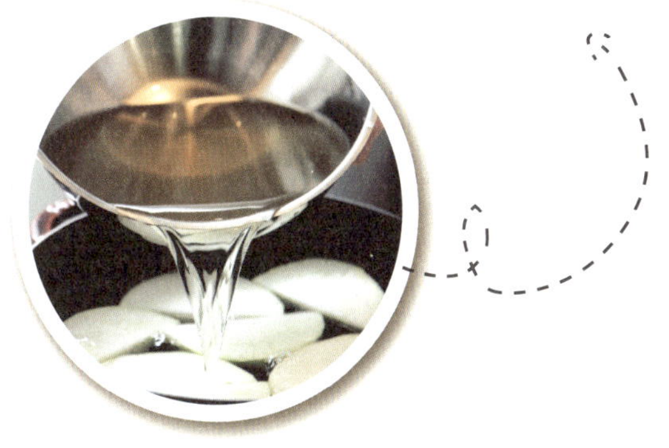

요리별 난이도

Medium

조리시간 : 20분

냉장보관 : 1일

자갈치를 입은 두릅튀김

준비 재료

자갈치과자 1봉지, 두릅 300g, 밀가루 1컵(200㎖), 계란 3개, 소금 ½큰술, 참기름 1큰술

1

2

3

4

How to make

❶ 자갈치과자는 커터기에 갈아 준비하고 두릅은 손질하여 깨끗이 씻은 다음 물기를 제거한다.

❷ 두릅에 소금과 참기름을 넣어 밑간한다.

❸ 밑간한 두릅에 밀가루, 계란, 곱게 간 자갈치 순으로 튀김옷을 입힌다.

❹ 180℃의 기름에 노릇하게 튀긴다.

민지 셰프의 요리 kick!!!

- 기름 양이 너무 적으면 눅눅해지므로 넉넉한 기름에 바삭하게 튀겨 주세요.
- 짭짤한 과자라면 무엇이든 튀김옷으로 가능합니다.

Cooking tip

과자를 밀가루처럼 곱게 갈아 주세요.

요리별 난이도
Medium
조리시간 : 30분
냉장보관 : 일주일

콩가루 쑥국

남녀 사이뿐만 아니라 음식 재료에도 서로 궁합이 있지요. 쑥국에는 들깨, 도다리, 미역, 김치, 소고기 등등 정말 다양한 부재료를 넣어 끓이곤 하는데요. 저는 그중에서도 콩가루를 넣어 끓이는 쑥국을 좋아한답니다.

콩가루쑥국은 제가 어릴 때 친정엄마가 자주 끓여주시던 음식이에요. 날콩가루를 넣어 쑥의 강한 향을 누그러뜨려 훨씬 부드럽고 고소하게 먹을 수 있어요. 저는 봄이면 으레 콩가루쑥국을 끓여 먹어요. 딱 봄철 한때 먹을 수 있는 음식이죠. 봄기운을 가득 품은 4월의 쑥은 맛도 맛이지만 약효도 좋아요. 지방대사를 도와 다이어트에 좋고 속도 편안하게 합니다.

콩가루를 넣은 쑥국은 전 어릴 때부터 먹던 것이라 가끔 옛 생각과 함께 떠오르는 음식이에요.

준비 재료

쑥 300g, 무 200g, 마른 새우 100g, 생콩가루 ½컵(100㎖), 멸치국물 6컵(1200㎖), 된장 3큰술, 다진 마늘 1큰술, 다진 파 2큰술, 국간장 1큰술, 참치액 ½큰술

How to make

❶ 쑥은 깨끗이 씻어 수분을 제거한 다음 비닐봉지에 생콩가루와 함께 넣고 흔들어 골고루 묻힌다. 무는 굵게 채를 썬 후 생콩가루를 뿌린다.
❷ 마른 새우는 팬에 한 번 볶아 고소함을 살린다.
❸ 멸치국물에 마른 새우를 넣고 끓인다.
❹ 국물에 된장을 풀어 넣고 팔팔 끓인다.
❺ 끓어오르면 쑥과 무를 넣어 20분간 끓인다.
❻ 다진 마늘, 다진 파를 넣고 국간장과 참치액으로 간한다.

• 생콩가루 대신 들깨가루를 넣어도 맛있어요.

1
2
3
4
5
6

요리별 난이도

Medium

조리시간 : 40분

냉장보관 : 1일

주꾸미 불고기 전골

QR코드를 찍으면
만들기 동영상

준비 재료

소고기(불고기용) 200g, 주꾸미 400g, 중하새우 3마리, 두부 ½모, 느타리버섯 50g, 대파 ½대, 홍고추 · 청양고추 1개씩, 소금 조금, 쑥갓 조금

국물: 멸치국물 4컵, 국간장 1큰술, 참치액 1큰술

소고기 양념: 진간장 2큰술, 설탕 1큰술, 다진 마늘 1큰술, 다진 파 2큰술, 후춧가루 조금

1

2

3

4

How to make

❶ 소고기는 양념에 재워 둔다.

❷ 볼에 주꾸미를 담고 밀가루를 넣어 손으로 박박 주물러 깨끗이 씻는다. 새우는 수염과 등쪽의 내장을 제거한 후 소금물에 흔들어 씻는다. 두부는 한입 크기로 깍둑 썰고 대파, 홍고추, 청양고추는 어슷하게 썬다. 느타리버섯은 물에 씻지 말고 손으로 지저분한 것만 제거한다.

❸ 전골냄비 가운데에 양념한 소고기를 넣고 가장자리에 재료들을 둘러놓는다.

❹ 멸치국물에 국간장과 참치액을 넣어 간을 맞춘 후 ③에 부어 보글보글 끓인다. 간을 보고 싱거우면 소금을 조금 더 넣는다.

민지 셰프의 요리 kick! !!

• 더욱 시원한 맛을 내려면 조개나 홍합 등 해물을 추가로 넣으세요.

요리별 난이도

Medium

조리시간 : 1시간

냉장보관 : 1일

우엉김치

준비 재료

우엉 1kg, 쪽파 10뿌리, 식초 2큰술, 멸치액젓 1큰술

양념: 고춧가루 2컵(150g), 설탕 3큰술, 찹쌀풀 3큰술, 멸치액젓 3큰술, 참치액 2큰술, 다진 마늘 2큰술, 다진 생강 1작은술, 물엿 3큰술, 깨소금 1큰술

1

2

3

4

5

How to make

❶ 우엉은 수세미로 씻어 겉에 묻은 흙을 제거한 후 필러로 껍질을 벗긴다. 깨끗하게 씻어 0.5㎜로 어슷하게 썬다.

❷ 식초를 넣은 끓는 물에 우엉을 넣고 2분간 데친 다음 체에 건져 식힌다.

❸ 쪽파는 깨끗이 씻어 4㎝ 길이로 썬 다음 멸치액젓 1큰술을 넣고 버무려 10분간 그대로 둔다.

❹ 우엉과 쪽파를 볼에 담고 양념을 넣는다.

❺ 골고루 버무려 다음 날부터 먹는다.

• 찹쌀풀을 만들 때 멸치국물을 넣으면 감칠맛이 더욱 좋아져요. 멸치국물 1컵, 찹쌀가루 1큰술 비율로 만듭니다. 뜨거운 멸치국물에 가루를 넣으면 덩어리질 수 있으니 꼭 식힌 멸치국물에 가루를 넣고 끓이세요.

요리별 난이도

Medium

조리시간 : 20분

냉장보관 : 일주일

고춧가루 멸치무침

준비 재료

마른 멸치(큰 것) 160g, 식용유 4큰술, 다진 파 3큰술, 통깨 ½큰술

양념장: 진간장 6큰술, 다진 마늘 ½작은술, 참기름 1큰술, 설탕 1큰술, 올리고당 2큰술, 고춧가루 1큰술

1

2

3

4

How to make

❶ 멸치는 머리와 내장을 제거한 다음 반으로 가른다. 접시에 손질한 멸치를 펴서 올린 다음 전자레인지에 넣고 1분 정도 돌린다. 뒤집어서 다시 1분간 돌려 준비한다.

❷ 식용유 4큰술을 두른 팬에 멸치를 넣고 볶은 후 큰 볼에 담아 식힌다.

❸ ❹ 식힌 멸치에 미리 섞어 둔 양념장과 다진 파, 통깨를 넣고 무친다.

민지 셰프의 요리 kick!!!

• 식용유를 넉넉히 둘러 멸치를 먼저 볶은 다음 양념장에 무쳐야 바삭함이 오래가요.

+Plus 봄 반찬 레시피

제철을 바로 맛볼 수 있는 퀵메뉴를 소개합니다

봄동겉절이

준비 재료

봄동 2단(600g), 쪽파 100g, 소금 1큰술(기호에 따라), 통깨 1큰술

양념장: 고춧가루 1컵, 까나리액젓 ½컵, 다진 마늘 ½컵, 다진 생강 1큰술, 설탕 3큰술, 물엿 1큰술, 매실액 1큰술

How to make

❶ 봄동은 흐르는 물에 잘 씻어 한입 크기로 썬다.

❷ 쪽파도 4㎝ 길이로 썬다.

❸ 분량의 재료를 고루 섞어 양념장을 만든다.

❹ 봄동과 쪽파를 큰 볼에 담고 양념장을 넣어 버무린다.

❺ 통깨를 넣고 싱거우면 소금으로 간을 하여 마무리한다.

민지셰프의 요리킥!

- 양념장은 하루 정도 숙성해서 쓰면 훨씬 맛있어요.
- 봄동을 소금에 절이지 않고 바로 버무리는 만큼 쉽게 물이 생겨 맛이 떨어져요. 먹을 만큼씩만 그때그때 무치세요.

뱅어포구이

준비 재료

뱅어포 10장, 식용유 1컵(200㎖)

고추장양념장: 고추장 1컵, 물엿 1컵, 진간장 3큰술, 맛술 2큰술, 다진 마늘 2큰술, 생강즙 1큰술, 통깨 조금

How to make

❶ 뱅어포는 기름을 넉넉히 두른 팬에 넣어 약한 불에서 노릇하게 굽는다.
❷ 분량의 재료를 고루 섞어 양념장을 만든다.
❸ 뱅어포에 양념장을 고루 펴 바른 후 통깨를 뿌리고 그 위에 다른 뱅어포 올리기를 반복한다.
❹ 뱅어포 10장에 양념장을 다 바른 후 가위로 먹기 좋게 잘라 냉장보관 한다.

민지셰프의 요리킥!

- 뱅어포는 색이 하얗고 작은 뱅어가 두툼하게 말려진 것이 씹는 맛이 좋아요. 냄새가 없는 것으로 고르세요.
- 양념장을 한 번 끓인 후 식혀서 사용하면 더욱 오래 두고 먹을 수 있어요.
- 뱅어포를 구울 때 너무 센 불에서 바짝 구우면 부서지기 쉬우니까 주의하세요.

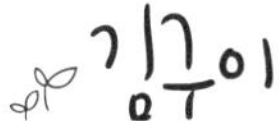

준비 재료

김 30장, 들기름 1컵, 구운 소금 2큰술

How to make

❶ 김을 잘 펴서 솔로 들기름을 고루 바른 후 소금을 뿌려 둔다.
❷ 팬에 김을 한 장씩 올려 굽는다.

민지셰프의 요리킥!

- 김에 들기름과 소금을 바른 후 가위로 한입 크기로 잘라 큰 웍(wok, 중국 음식을 볶거나 요리할 때 쓰는 우묵하게 큰 냄비)에 넣고 볶아도 돼요. 간단하면서 맛있게 만들어 먹을 수 있어요.
- 들기름 대신 참기름으로 대체해도 돼요.

여름 반찬

요리별 난이도
Medium
조리시간 : 30분
냉장보관 : 1일

잣소스 참소라무침

QR코드를 찍으면
만들기 동영상

준비 재료

참소라 3개, 된장 1큰술, 물 5컵(1ℓ), 치커리 · 적근대 · 비타민 20g씩, 배 ¼개
잣소스: 잣 3큰술, 꿀 1½큰술, 레몬즙 2큰술, 우유 3큰술

1

2

3

4

How to make

❶ 냄비에 물 5컵을 담고 된장을 풀어 끓인다. 여기에 참소라를 넣고 15분간 삶아서 꺼내 내장을 제거한 다음 한입 크기로 썬다.

❷ 채소는 깨끗이 씻어 한입 크기로 썰고 배는 껍질 벗겨 얇게 썬다. 잣은 꼭지를 제거한 다음 커터기에 꿀, 레몬즙, 우유를 함께 넣고 곱게 간다.

❸ ❹ 믹싱볼에 모든 재료를 넣고 잣소스를 넣고 버무린다.

민지 셰프의 요리 kick! !!

- 참소라를 데칠 때 껍질을 깨끗이 씻어 된장 푼 물에 끓이면 감칠맛 나는 육수가 됩니다. 다른 요리를 할 때 참소라육수를 사용해 보세요.
- 접시에 참소라무침을 담고 참소라 껍데기로 장식하면 더욱 맛깔스러워 보입니다.

Cooking tip

소라의 내장을 제거해 비린 맛을 잡아 줍니다.

요리별 난이도

Medium

조리시간 : 30분

냉장보관 : 2일

열무 얼갈이 땅콩무침

준비 재료

열무 300g, 얼갈이 100g, 홍고추 2개, 다진 땅콩 ⅓컵

양념장: 멸치국물 ¼컵(50㎖), 된장 1½큰술, 마늘 3톨, 생강 ½쪽, 국간장 1작은술, 설탕 · 고춧가루 · 깨소금 1큰술씩

1

2

3

4

How to make

❶ 열무와 얼갈이는 깨끗이 씻어 4㎝ 길이로 썬다. 끓는 물에 40초 정도 살짝 데친 다음 바로 찬물에 헹궈 물기를 뺀다.

❷ 분량의 양념 재료를 모두 키티기에 넣고 갈아서 양념장을 만든다.

❸ 홍고추는 씨를 제거한 다음 길이로 채 썬다.

❹ 믹싱볼에 열무와 얼갈이를 담고 양념장과 다진 땅콩, 홍고추를 넣어 무친다.

• 쪽파와 미나리를 넣어도 향긋하니 맛있어요.

땅콩이나 다른 견과류로 담백하고
고소한 맛을 살립니다.

요리별 난이도
Medium
조리시간 : 20분
냉장보관 : 2일

참나물두부무침

준비 재료

참나물 300g, 두부 ½모

양념: 고추장 1큰술, 진간장 1큰술, 다진 마늘 ½큰술, 다진 파 1큰술, 참기름 · 통깨 조금씩

1

2

3

4

How to make

❶ 참나물은 끓는 소금물에 30초 정도 살짝 데쳐 찬물에 바로 헹궈 물기를 뺀 다음 4㎝ 길이로 썬다.

❷ 칼 옆면을 이용해 두부를 으깬다.

❸ 면보에 싸서 물기를 꼭 짠 두부에 분량의 양념 재료를 넣고 고루 무친다.

❹ ③에 참나물을 넣고 무친다.

- 고추장 대신 된장으로 무쳐도 색다른 맛이에요.
- 두부는 전자레인지에 30초 돌린 다음 물기를 제거하면 손쉬워요.

요리별 난이도
Easy
조리시간 : 40분
냉장보관 : 일주일

 들기름 깻잎찜

준비 재료

깻잎 70~80장, 잔멸치 2큰술, 들기름 4큰술

양념장: 다진 양파 ¼개, 다진 파 2대 분량, 다진 홍고추 · 청양고추 1개분, 다진 마늘 1큰술, 진간장 4큰술, 국간장 1큰술, 통깨 1큰술

1

2

3

 How to make

❶ 깻잎은 꼭지를 잘 손질한 후 흐르는 물에 깨끗이 씻어 물기를 뺀다. 잔멸치는 체에 담고 흔들어 가루를 없앤 후 마른 팬에 볶아 준다.

❷ 분량의 재료를 고루 섞어 양념장을 만들어 볶은 잔멸치와 섞는다.

❸ 깻잎 2장에 한 번씩 ②를 바른 다음 마지막에 들기름을 뿌린다. 그릇에 깻잎을 담아 중탕으로 3분간 찌고 약한 불에 2분간 둔 후 불을 끄고 1분간 뜸을 들인다. 깻잎의 숨이 죽으면 완성!

민지 셰프의 요리 kick!!!

- 깻잎을 찔 때 가운데는 잘 안 익을 수 있으니 주의하세요.
- 중탕하는 대신 전자레인지에서 2~3분간 익혀 만들 수도 있어요.

Cooking tip

잔멸치는 한 번 체에 담고 흔들어 불순물을 제거합니다.

요리별 난이도
Easy
조리시간 : 1시간
냉장보관 : 2일

명품 전복찜

준비 재료

전복 3마리, 대파 1대

1

2

3

4

How to make

❶ 전복은 솔로 이물질과 껍데기를 깨끗이 닦는다.

❷ 대파는 굵게 채 썬다.

❸ ❹ 대파를 찜기에 올린 다음 김이 오르면 전복을 올리고 약한 불로 40분~1시간 동안 찐다. 전복이 부드럽게 쪄지면 입을 제거한 다음 큼직하게 썰어 낸다.

민지 셰프의 요리 kick! !!

• 약한 불로 은근히 쪄야 전복이 부드러워요. 전복이 크면 1시간 30분 정도 찌세요.

Cooking tip

전복 손질할 때 검정 이물질을 꼭 제거해 주세요.

요리별 난이도
Medium
조리시간 : 2시간30분
냉장보관 : 3~4일

이열치열 매운 꼬리찜

준비 재료

소꼬리 1kg, 양파 2개, 감자 2개, 대파 2대, 마른 표고버섯 3개, 청양고추 2개

매운 양념장: 마늘 6쪽, 고춧가루 3큰술, 청양고춧가루 ½큰술, 대파 2대, 배 · 양파 ½개씩, 진간장 6큰술, 설탕 3큰술, 매실청 1큰술, 참기름 ½큰술, 통후추 조금

꼬리 삶는 물: 물 15컵(3ℓ), 대파 뿌리, 양파 1개, 마늘 5쪽, 생강 1톨, 후춧가루 1작은술, 소주 ½병

1

2

3

4

How to make

❶ 꼬리는 기름을 제거한 후 찬물에 1시간 정도 담가 핏물을 제거한다. 중간에 물을 한 번 갈아 준다.

❷ 재료가 잠길 정도로 넉넉한 물에 대파 뿌리, 양파, 통마늘, 생강, 후춧가루, 소주를 넣고 1시간 정도 푹 끓인 후 꼬리만 건진다.

❸ 분량의 재료를 모두 섞어 매운 양념장을 만든다.

❹ 냄비에 소꼬리와 매운 양념장, 양파, 감자, 대파, 마른 표고버섯, 꼬리 삶은 물 2컵(400㎖)을 넣고 40분간 끓인다. 이때 양파와 감자는 큼직하게 썰고 대파는 어슷 썰고 마른 표고버섯은 반으로 썬다. 청양고추는 어슷 썰어 넣는다.

• 양념장이 들어가 타기 쉬우므로 중불에서 뚜껑을 덮고 끓이세요.

Cooking tip

채소는 큼직큼직하게!

요리별 난이도
Medium
조리시간 : 45분
냉장보관 : 5일

마른 오징어 건고추 조림

준비 재료

마른 오징어 2마리, 건고추 2개, 물엿 2큰술, 참기름 1큰술, 통깨 조금

양념장: 육수 또는 물 1컵(200㎖), 진간장 3큰술, 설탕 1큰술, 고춧가루 2큰술, 물엿 1큰술

1

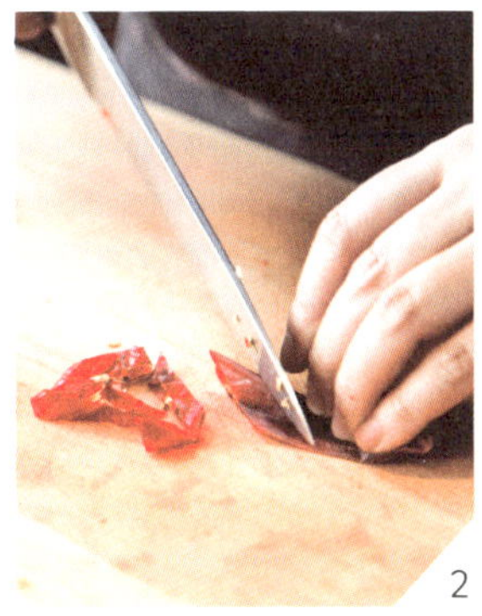
2

3

4

How to make

❶ 마른 오징어는 물에 담가 30분 정도 불린 다음 가위로 한입 크기로 자른다.

❷ 건고추는 어슷하게 썬다.

❸ 기름을 두른 팬에 오징어와 건고추를 넣고 살짝 볶는다.

❹ ③에 양념장을 넣고 끓이다가 국물이 졸아들면 물엿, 참기름, 통깨를 넣어 버무린다.

• 마른 오징어가 너무 딱딱하면 씹기 힘들기 때문에 물에 불려서 사용하세요. 30분 이상 불리면 더욱 몰랑몰랑해져요.

요리별 난이도

Medium

조리시간 : 30분

냉장보관 : 2일

돼지고기 알감자 조림

QR코드를 찍으면
만들기 동영상

준비 재료

알감자 500g, 굵은 소금 1큰술, 대패삼겹살 100g, 식용유 3큰술, 다진 마늘 1큰술, 송송 썬 쪽파 5큰술, 레몬즙 1큰술, 설탕·소금·후춧가루 ½작은술씩

1

2

3

4

How to make

❶ 알감자는 굵은 소금으로 문질러 씻어준 다음 끓는 물에 20분간 삶는다. 삶은 알감자가 식으면 반으로 썬다.

❷ ❸ 대패삼겹살은 팬에 올려 센 불에 바싹 구운 다음 잘게 다진다. 쪽파는 송송 썬다.

❹ 팬에 식용유를 두르고 센 불에 다진 마늘, 쪽파, 레몬즙, 설탕, 소금, 후춧가루를 넣고 볶다가 알감자와 다진 대패삼겹살을 넣어 버무리듯 볶아 낸다.

민지 셰프의 요리 kick!!!

• 대패삼겹살 대신 베이컨을 넣어 요리해도 맛있답니다.

Cooking tip

바싹 구운 다음 식혔다가 잘게 다져요!

요리별 난이도

Medium

조리시간 : 20분

냉장보관 : 3일

애호박새우젓볶음

여름에는 애호박, 가을에는 단호박과 늙은 호박이 제철이죠. 소문난 한정식 집을 가면 빠지지 않고 올라오는 반찬 중 하나가 애호박볶음이에요. 새우젓을 넣고 볶아서 만드는 새우젓 애호박볶음은 만들기도 쉽고 어디서나 볼 수 있는 흔한 반찬인데요. 이 레시피의 핵심 포인트는 애호박을 소금에 절였다가 살짝 수분을 제거한 다음 볶는 데 있어요. 약간의 차이지만 맛에서는 사뭇 큰 차이를 만든답니다. 이렇게 소금에 절여 수분을 제거한 후 볶으면 식감도 좋고 모양이 그대로 살아 있어요.

간단하지만 전처리를 한 번 더 해줘서 고급요리가 된답니다. 이 반찬은 특히 어른들 상에 냈을 때 엄청 칭찬을 받았어요. 다들 음식 솜씨 좋다며 한마디씩 하셨답니다. 나의 요리 센스를 손쉽게 자랑하고 싶을 때 안성맞춤이에요.

준비 재료

애호박 1개, 소금 ½큰술, 다진 마늘 ½큰술, 새우젓(건더기만) 2½큰술(50g), 멸치국물 3큰술, 참기름 · 후춧가루 조금씩

How to make

❶❷ 애호박은 반달 모양으로 납작하게 썬 후 소금을 뿌려 10분간 절인다.

❸❹ 절인 애호박을 면보에 넣고 꾹 짜 물기를 뺀다.

❺ 기름을 두른 팬에 다진 마늘과 국물을 뺀 새우젓을 넣고 볶는다.

❻ ⑤에 애호박을 넣고 볶다가 멸치국물을 넣는다. 애호박이 익으면 참기름, 후춧가루를 넣고 마무리한다.

민지 셰프의 요리 kick!!!

- 애호박을 소금에 절이면 살캉살캉 씹는 식감이 좋고 모양도 살아 있어요. 시간이 없을 땐 절이지 않고 그냥 사용해도 괜찮아요.
- 새우젓은 국물을 짜서 건더기만 사용합니다.

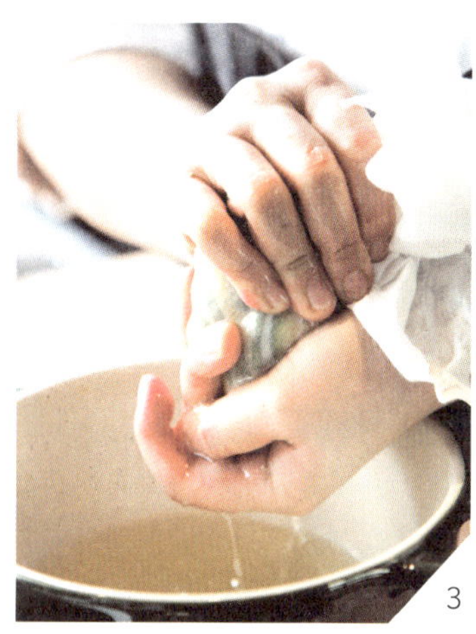

Cooking tip

애호박 물기를 꼬옥 짜면
질척이지 않고 식감이 좋아요.

요리별 난이도
Medium
조리시간 : 30분
냉장보관 : 1일

글루텐프리 낙지전

결혼식을 앞두고 새하얀 웨딩드레스를 멋지게 소화하고 싶어서 잠시 다이어트를 계획한 적이 있어요. 그런데 다이어트의 적이라는 기름과 탄수화물이 들어간 부침개가 너무 먹고 싶은 거예요. 먹을까, 말까. 그래서 레시피를 바꾸기로 했어요. 밀가루를 빼고 계란만 넣고 부치기로요. 그렇게 해서 만들어진 계란낙지전. 밀가루 없이 과연 전이 부쳐지나 싶지만 계란만으로도 맛있게 된답니다. 요즘도 이런저런 해물과 계란만 넣어서 부쳐 먹어요.

지쳐 쓰러진 소에게 낙지 2~3마리를 먹이면 벌떡 일어난다는 이야기가 있을 정도로 낙지는 영양 만점인 식품이랍니다. 쫄깃한 그 식감은 군침이 돌게 하는데요. 특히 밀가루 없이 부쳐 먹으면 속도 편안하고 칼로리도 줄일 수 있어서 좋아요. 단 계란이 들어가 쉽게 탈 수 있으니까 약한 불에서 천천히 부치세요.

준비 재료

계란 10개, 낙지 1마리, 낙지 데친 물 5큰술, 알새우 100g, 쪽파 50g, 식용유 1큰술, 소금 · 후춧가루 조금씩

How to make

❶ 계란은 큰 볼에 깨뜨려 담고 고루 푼 후 고운 체에 한 번 내린다.
❷ 낙지는 끓는 물에 1분간 데친 후 3㎝ 크기로 썬다.
❸❹❺ 큰 볼에 낙지, 새우, 쪽파, 낙지 데친 물, 소금, 후춧가루를 넣고 고루 섞는다.
❻❼ 풀어 놓은 계란에 넣고 고루 섞는다.
❽ 기름 두른 팬에 반죽을 넣고 뚜껑을 닫은 후 약한 불에서 서서히 익힌다.

- 계란물을 체에 한 번 내리면 덩어리가 풀어져 다른 재료와 잘 섞여요.
- 계란이 많이 들어가 센 불에서 부치면 타기 쉬워요.
- 도톰하게 부쳐서 낙지의 쫄깃한 식감을 살리세요.

Cooking tip

새우는 통통한 알새우로!

요리별 난이도
Medium
조리시간 : 1시간 30분
냉장보관 : 1일

수삼 겨자채와 돼지고기 편육

수육 하면 큰 냄비에 마늘, 파, 양파 등 향신 채소와 고기를 넣고 푹 끓이는 것이 일반적이지요. 그와 달리 이 돼지고기 요리는 물을 거의 사용하지 않는 방법이에요. 이른바 저수분 요리이지요. 또 돼지고기를 삶을 때 된장, 커피를 많이 넣는데 이 레시피는 양파, 사과를 많이 넣고 익히는 거라 맛이 훨씬 담백하고 부드러워요. 사과에 든 유기산이 특별한 역할을 하는데요. 유기산은 육류의 지방조직을 끊어주는 효과가 있답니다. 그래서 수육에 같이 넣어 조리하면 돼지고기의 육질이 훨씬 부드러워져요.

편육은 수육을 눌러 물기를 제거한 후 얇게 잘라낸 것을 일컫는 말이에요. 생굴을 곁들이면 궁합이 잘 맞아 훨씬 더 풍미를 느낄 수 있어요. 편육은 차갑게 식혀 먹어도 별미로 먹을 수 있어요!

준비 재료

돼지고기 1kg, 양파 3개, 사과 2개, 수삼 2뿌리, 밤채 · 배채 · 사과채 · 대추채 조금씩

겨자소스: 연겨자 1½큰술, 식초 2큰술, 설탕 1½큰술, 꿀 1큰술, 소금 ⅓작은술, 진간장 1작은술

How to make

❶ ❷ 돼지고기는 찬물에 담가 핏물을 제거한다. 분량의 양파와 사과를 큼직하게 썰어 냄비에 깔고 그 위에 고기를 올려 40분간 찐다.

❸ 수삼, 밤, 배, 사과, 대추는 손질하여 씻은 후 곱게 채 썬다.

❹ 연겨자에 분량의 양념을 넣어 겨자소스를 만든다. ③에 겨자소스를 넣고 버무린 후 먹기 좋게 썬 고기와 함께 낸다.

• 보통 물에 향신채를 넣고 돼지고기를 삶지만 이렇게 찌게 되면 맛과 영양 면에서 더욱 좋아요. 양파와 사과가 들어가 부드럽게 쪄지고 색깔도 먹음직스럽답니다.

1
2
3
4

요리별 난이도

Medium

조리시간 : 30분

냉장보관 : 1일

소고기가지튀김

여름 제철일 때 가지는 고운 자태를 뽐내지요. 그냥 팬에 구웠을 뿐인데도 접시에 가지런히 담으면 고급스럽답니다. 가지의 보랏빛 색깔은 식탁을 품격 있게 만들어 줍니다. 또한 맛은 말할 것도 없죠. 그래서 쿠킹 클래스를 할 때 빼놓지 않고 메뉴에 가지요리를 포함시켜요.

그런데 가지를 싫어하거나 못 먹는 사람도 많아요. 특히 아이들이 싫어하는데요. 가지에 양념한 소고기를 넣고 튀긴 소고기 가지튀김은 평소 가지를 싫어하는 사람도 환영하는 메뉴이지요.

지난여름 프랑스 손님들이 오셨을 때 색다른 메뉴를 고민하다가 이 요리를 내놓았어요. 그런데 정말 좋아하더라고요. 모양도 맛도 만족스러운 요리예요. 금방 튀겨서 먹을 땐 몹시 뜨거우니 입이 데지 않도록 조심하세요.

준비 재료

소고기 50g, 가지 2개, 다진 파 1큰술, 진간장 1큰술, 설탕 1큰술, 다진 마늘 ½큰술, 참기름 1작은술, 후춧가루 조금

튀김반죽: 튀김가루 50g, 물 80㎖

How to make

❶❷ 가지는 오이소박이 모양으로 잘라 소금을 조금 뿌려 둔다.

❸ 소고기는 다진 파, 후춧가루, 다진 마늘, 진간장, 설탕, 참기름을 넣고 버무린다.

❹ 살짝 절여진 가지는 물에 헹구어 낸 뒤 칼집 사이에 ③의 소를 넣는다.

❺ ❻ 튀김가루와 물을 섞어 튀김반죽을 만든 다음 소를 다져 넣은 가지 윗부분에 묻혀 170℃에서 2분 정도 튀겨 낸다.

- 아이, 어른 모두 좋아하는 메뉴로, 가지가 제철인 여름에 별미로 먹을 수 있어요.
- 매운맛을 좋아한다면 가지에 넣을 소를 만들 때 소고기 대신 돼지고기를 사용해 고추장불고기 양념을 하면 매콤하게 즐길 수 있어요.

1
2
3
4
5
6

요리별 난이도

Easy

조리시간 : 20분

냉장보관 : 2일

도토리묵 냉국

QR코드를 찍으면
만들기 동영상

여름 반찬

준비 재료

도토리묵 ½모, 다진 김치 2큰술, 깨소금 · 설탕 · 참기름 조금씩, 김가루 · 통깨 적당량
국물: 멸치다시마국물 3½컵(700㎖), 소금 1큰술, 설탕 3큰술, 식초 5큰술

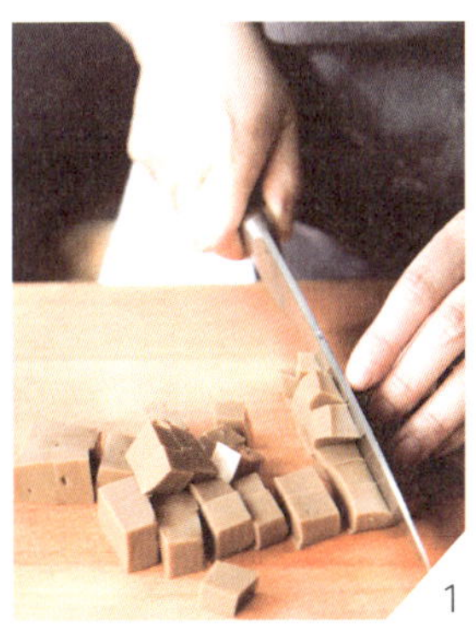
1

2

3

4

How to make

❶ 도토리묵은 1×1㎝ 크기로 깍둑썰기 한다.
❷ 다진 김치에 참기름, 설탕, 깨소금을 조금씩 넣어 양념한 후 묵에 올린다.
❸ 멸치다시마국물에 소금, 설탕, 식초를 넣고 섞어 국물을 만들어 ②에 붓는다.
❹ ③에 김가루를 올리고 통깨를 뿌려 완성한다.

• 국물을 넉넉히 만들어 밥을 말면 묵밥이 됩니다.

Cooking tip

김가루와 통깨로 더욱
먹음직스럽게!

요리별 난이도

Medium

조리시간 : 2시간

냉장보관 : 2일

녹두 닭곰탕

여름철 보양식 하면 삼계탕, 닭곰탕을 빼놓을 수 없죠. 더위에 지친 심신을 달래주는 고마운 음식인데요. 생각보다 삼계탕이나 닭곰탕은 칼로리가 높은 편이에요. 그래서 살이 찌면 어쩌나 하는 걱정에 자꾸 숟가락질을 망설이게 돼요. 그렇다고 한여름 보양식인 삼계탕을 포기할 순 없죠. 이런 다이어트 고민을 줄여주는 방법이 있답니다.

제가 어렸을 때 집에서 백숙을 많이 해 먹었는데 항상 찹쌀만 넣었어요. 지금도 일반적으로 찹쌀을 가장 많이 사용하는데요. 칼로리를 줄이기 위해 찹쌀 대신 녹두를 넣었어요. 오! 이 맛이 기가 막힙니다. 찹쌀과는 또 다른 녹두가 주는 감칠맛이 좋더라고요. 녹두에는 단백질 함량이 높고 소화효소가 들어 있어 소화를 돕고 다이어트에도 효과가 있다고 하네요. 여름이면 항상 먹는 메뉴예요. 지난여름 복날엔 민스키친에서 가장 인기 있는 메뉴였답니다. 손님들도 찹쌀이 아니라 녹두여서 더 좋다는 반응이에요.

준비 재료

토종닭 1마리, 녹두 ½컵

육수: 닭발 300g, 물 25컵(5ℓ), 마늘 10쪽, 양파 1개, 편생강 1개 분량, 대파 2대, 엄나무 2쪽, 대추 3개, 소금 · 후춧가루 1작은술씩

How to make

❶ 닭은 씻어 꽁지에 있는 기름 주머니를 잘라낸 뒤 내장 기름을 제거한다. 녹두는 껍질을 손질해 물에 2~3시간 충분히 불린다.

❷ 손질한 닭 안에 불린 녹두를 넣고 다리를 꼬아 꼬치로 풀리지 않게 고정한다.

❸ 냄비에 육수 재료를 모두 넣고 50분간 끓인다.

❹ 육수가 팔팔 끓으면 건더기를 건져 내고 닭을 넣어 1시간 푹 끓인다.

❺ 닭이 익으면 꺼내어 뼈와 살을 분리해 그릇에 담고 소금과 후춧가루를 곁들여 상에 낸다.

• 찹쌀 대신 녹두를 넣으면 담백한 맛이 좋아요. 다이어트식으로도 손색없어요.

1

2

3

4

5

+Plus 여름 반찬 레시피

제철을 바로 맛볼 수 있는 퀵메뉴를 소개합니다

노각무침

준비 재료

노각 1개(600g), 소금 1큰술, 물엿 2큰술, 식초 1½큰술

무침양념: 고추장 1큰술, 고춧가루 1큰술, 다진 쪽파 1½큰술, 통깨 1큰술, 매실액 ½큰술, 설탕 1큰술, 다진 마늘 1작은술, 2배 식초 1작은술

How to make

❶ 노각은 필러로 껍질을 벗긴 다음 반으로 썰어 숟가락으로 씨를 긁어낸다.

❷ 4㎜ 두께의 반달 모양으로 썰어 소금, 물엿, 식초에 버무린 다음 15분 정도 그대로 두어 절인다.

❸ 절인 노각의 물기를 제거한 후 무침양념 재료를 모두 넣고 손으로 조물조물 무친다.

민지셰프의 요리킥!

- 무치고 나서 바로 먹기보다 다음 날이 더 맛있어요.
- 무칠 때 노각의 물기를 잘 제거해야 식감이나 맛이 더 좋아요.

감자볶음

준비 재료

감자 큰 것 1개(300g), 양파 ½개, 당근 ⅓개, 소금 1작은술, 후춧가루 조금

How to make

❶ 감자는 필러로 껍질을 벗긴 후 채 썬다.

❷ 양파와 당근도 손질한 후 채 썬다.

❸ 감자는 끓는 물에 2분간 데친 후 찬물에 씻어 준다.

❹ 팬에 기름을 두르고 양파를 먼저 볶은 다음 감자와 당근을 넣고 볶는다. 소금과 후춧가루로 간하여 마무리한다.

민지셰프의 요리킥!

• 감자를 너무 오래 데치면 익어 버려 부서질 수 있으니 주의하세요. 감자를 볶기 전에 먼저 데쳐서 사용하면 더욱 담백하게 먹을 수 있어요.

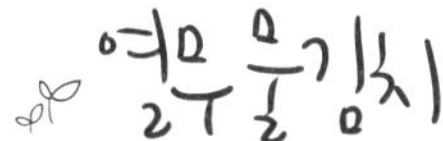

준비 재료

열무 1단, 얼갈이배추 1단(1kg), 굵은 소금 1컵, 물 10컵(2ℓ), 쪽파 20뿌리(200g), 홍고추 5개

김치국물: 홍고추 20개, 다진 마늘 1컵, 다진 생강 ¼컵, 멸치액젓 1컵, 고춧가루 1컵, 설탕 ½컵, 소금 ½컵, 생수 15컵(3ℓ)

밥풀: 밥 3큰술, 물 1컵(200㎖)

How to make

❶ 열무와 얼갈이배추는 다듬어 7㎝ 길이로 썬 후 씻는다.

❷ 물 10컵에 소금 1컵을 넣고 소금이 녹을 때까지 저어 준 다음 열무와 얼갈이배추를 넣고 2시간 동안 절인다.

❸ 쪽파는 4㎝ 길이로 썰고 홍고추는 어슷 썬다.

❹ 김치국물에 들어가는 재료를 모두 커터기에 담고 곱게 간다.

❺ 냄비에 물과 밥을 넣고 풀을 쑨다.

❻ ④와 ⑤를 고루 섞는다.

❼ 절인 열무와 얼갈이배추를 깨끗이 씻어 물기를 뺀 다음 ⑥의 양념으로 버무려 완성한다.

민지셰프의 요리킥!

• 열무를 절일 때 바로 소금을 뿌려 절이면 상처가 생겨 풋내가 날 수 있어요. 꼭 소금물에 절이세요.

• 열무물김치는 만들어 냉장고에 넣어 두었다가 2~3일 후에 먹어야 제 맛이 나요.

PART 03

가을 반찬

요리별 난이도

Easy

조리시간 : 1시간

냉장보관 : 일주일

서리태 콩장

준비 재료

서리태 500g, 물 15컵(3ℓ), 통깨 1큰술
양념: 진간장 ¾컵, 청주 ⅓컵, 설탕 ⅓컵, 물엿 1컵

1

2

3

How to make

❶ 콩은 불지 않도록 흐르는 물에 빨리 씻은 후 물 3ℓ를 다 붓고 뚜껑을 연 채 삶는다.
❷ 끓으면 양념 재료 중 진간장, 설탕, 청주를 먼저 넣고 졸인다.
❸ 물이 ⅔ 정도로 줄면 물엿을 넣고 국물이 자작해질 때까지 졸인 다음 마지막에 센 불로 바짝 졸인다. 통깨를 뿌려 마무리 한다.

민지 셰프의 요리 kick! !!

- 한 번 만들 때 넉넉하게 만들어 냉동보관 하면 밑반찬으로 요긴해요. 몇 번 먹을 만큼 꺼내 실온에 1시간 두고 이후 냉장보관 해드세요.
- 서리태는 절대 불리지 말고 써야 돼요. 불리게 되면 껍질이 벗겨진답니다.
- 서리태가 없다면 메주콩으로도 맛있는 콩장을 만들 수 있어요.

요리별 난이도
Medium
조리시간 : 30분
냉장보관 : 일주일

홈메이드 오징어젓갈

QR코드를 찍으면
만들기 동영상

가을 반찬

준비 재료

재료: 염장 오징어 500g(2마리), 소금 1큰술, 물엿 3큰술

양념: 고운 고춧가루 2큰술, 고추장 2큰술, 물엿 1큰술, 다진 마늘 2큰술, 생강즙 2큰술, 참기름 · 통깨 조금씩

1

2

3

How to make

❶ 염장 오징어를 물엿에 버무려 하룻밤 재웠다가 다음 날 꼭 짜서 물기를 제거한다.

❷ ❸ 고춧가루, 고추장, 물엿, 마늘, 생강즙을 넣고 버무린 후 참기름과 통깨를 마지막에 넣어 완성한다.

민지 셰프의 요리 kick!!!

• 양념에 버무릴 때 무, 고추, 마늘, 쪽파 등 여러 가지 채소를 넣고 같이 버무리면 더 맛있어요.

염장 오징어 만들기

재료: 물오징어 5마리, 굵은 소금 ½컵, 물엿 ½컵

how to make

① 오징어는 씻어 채 썬 후 분량의 소금에 절인다. ② 30분 정도 지나 절여진 오징어의 물기를 제거한 후 물엿을 넣어 버무린다. ③ 냉장고에서 일주일 동안 숙성시킨 후 조리한다.

kick!!

• 절인 오징어에 물엿을 넣어 버무릴 때 매실액 1큰술을 같이 넣으면 좋습니다.

요리별 난이도
Medium
조리시간 : 30분
냉장보관 : 3~4일
냉동보관 : 한달

간장게장

9년 전 민스키친을 오픈했을 때 소중한 인연이 있었어요. 바로 게장만 50년간 담그신 할머니예요. 50년이라는 긴 세월 동안 간장게장을 만들어 오신 할머니의 내공이 장난 아니었어요. 한마디로 간장게장의 장인이었죠. 할머니가 직접 오셔서 가르쳐 주신 레시피로 간장게장을 만들었더니 그간 담근 게장과는 맛이 다르더군요. 지금까지 할머니가 알려주신 레시피로 만들어 민스키친 요리로 내고 있어요. 당연히 인기 메뉴가 되었지요.

지금도 게장을 생각하면 추운 날 새벽에 일어나 손을 호호 불면서 게를 씻고 게장을 담그던 그 시절이 생각나요. 할머니는 게를 고르는 법부터 손질하기까지 자세히 가르쳐 주셨는데요. 그때 할머니한테 배우면서 게한테 물리기도 하고 간을 맞추느라 애를 먹기도 하는 등 고생했지만 지금은 좋은 추억으로 남아 있어요. 아무튼 저에게 게장은 특별한 반찬입니다. 또 특별한 만큼 그 맛은 말 그대로 밥도둑입니다.

준비 재료

꽃게 3마리(1kg), 편마늘 100g, 편생강 100g, 홍고추 3개, 청양고추 4개, 양파 ½개
소스: 진간장 10컵(2ℓ), 감초 물 10컵(2ℓ), 청주 10컵(2ℓ), 설탕 1½컵(300㎖), 매실액 ½컵

How to make

❶ 감초 물은 물 12½컵(2.5ℓ)에 감초 20g을 넣고 30분간 끓여서 만든다. 소스 재료를 모두 냄비에 넣고 팔팔 끓인 후 식힌다.
❷ 게는 솔로 껍데기를 깨끗이 씻은 다음 물기를 제거하고 청주를 뿌린다.
❸ ❹ 양파는 큼직하게 썰고 홍고추, 청양고추는 반으로 가른다.
❺ 용기에 꽃게를 넣고 편마늘, 편생강, 홍고추, 청양고추를 올린다.
❻ 완전히 식은 소스를 ⑤에 붓는다. 바로 냉장보관 후 이틀 후에 꺼내 간장만 따라 다시 끓인다. 끓인 간장을 완전히 식힌 후 게와 간장을 각각 따로 냉장보관 한다.

민지 셰프의 요리 kick! !!

- 간장소스를 한 번만 부어도 게에 충분히 간이 배고 게살이 빠지지 않습니다.
- 너무 많은 양을 만들었을 때는 꽃게만 따로 냉동보관 합니다. 실온에 1시간 두었다가 드세요.
- 간장은 꼭 끓여서 보관하세요.
- 꽃게는 살이 꽉 차서 손으로 들어보아 묵직한 것, 그리고 집게발이 덜렁덜렁한 것보다는 빳빳한 것으로 고르세요.

가을 반찬

Cooking tip

깨끗한 솔로 구석구석!! 꼭 흐르는 물에 씻으세요.

요리별 난이도
Easy
조리시간 : 1시간
냉장보관 : 3~4일
냉동보관 : 한달

간장새우장

QR코드를 찍으면
만들기 동영상

준비 재료

새우(중하) 20마리

간장: 진간장 1½컵(300㎖), 녹차 우린 물 6컵(1200㎖), 설탕 1½컵(300㎖), 통후추 조금, 양파 1개, 마늘 10쪽, 청양고추 5개, 고추씨 3큰술, 생강 조금, 대파 1대, 사과 1개, 마른 표고버섯 3개, 소주 ½병

1

2

3

How to make

❶ 새우는 수염과 뿔을 가위로 잘라 제거한 다음 소금물에 흔들어 씻어 그릇에 담는다.

❷ 냄비에 간장 재료를 모두 담아 한소끔 끓인 다음 식혀서 ①에 붓는다.

❸ 냉장고에 넣고 이틀 후에 간장만 따라내서 한 번 더 끓인 다음 식혀서 다시 붓고 냉장보관 한다. 두 번째 간장을 부은 날을 기점으로 나흘 후부터 꺼내 상에 올린다.

민지 셰프의 요리 kick! !!

- 녹차 우린 물은 살균효과와 잡내를 잡아 줍니다. 녹차 대신 둥굴레차를 이용해도 좋아요.
- 많은 양을 만들었을 때는 게장과 마찬가지로 새우만 따로 냉동보관 합니다.

Cooking tip

새우 뿔이 뾰족해서 찔리지 않게 조심하세요!

요리별 난이도

Easy

조리시간 : 40분

냉장보관 : 3~4일

꽁치 우거지 찜

준비 재료

꽁치(통조림) 1캔, 우거지 200g, 국간장 1큰술, 된장 1큰술, 다진 마늘 2큰술, 다진 생강 1작은술, 고춧가루 2큰술, 대파 1대, 청고추 · 홍고추 1개씩, 멸치국물 3컵(600㎖), 편마늘 2개 분량, 후춧가루 조금

1

2

3

4

How to make

❶ 꽁치는 통조림으로 준비해 국물을 따라 버리고 체에 밭쳐 둔다. 우거지는 끓는 물에 삶은 후 찬물에 담가 냄새를 우려낸 다음 물기를 꼭 짜고 4㎝ 길이로 썬다. 국간장, 된장을 넣고 양념한다.

❷ 냄비에 멸치국물을 끓이다가 양념한 우거지를 넣고 20분간 끓인 후 꽁치를 넣는다.

❸ ❹ 다진 마늘, 다진 생강, 고춧가루를 넣은 후 어슷 썬 대파 · 청고추 · 홍고추, 편마늘, 후춧가루를 넣어 한소끔 끓인다.

민지 셰프의 요리 kick! !!

- 통조림용 꽁치는 너무 오래 끓이면 살이 부서지기 쉬워요. 마지막에 넣고 한소끔 끓이세요.
- 우거지 말고 열무나 고사리로 대신해도 맛있어요. 우거지는 얇은 껍질을 제거해야 부드럽게 씹혀요.

Cooking tip

우거지에 미리 양념을 해놓으면 간이 배어 맛있어요!

요리별 난이도

Easy

조리시간 : 30분

냉장보관 : 2일

마소고기조림

준비 재료

마 500g, 소고기 200g, 편마늘 2쪽 분량, 마른 고추 1개, 멸치국물 1½컵, 설탕 1큰술, 진간장 ½컵, 녹말물 1큰술(녹말가루 1:물 1)

1

2

3

4

5

How to make

❶ 마는 겉에 묻은 흙을 씻어 내고 필러로 껍질을 벗긴 후 1x1㎝ 크기로 깍둑썰기 한다.

❷ 소고기는 먹기 좋은 크기로 썬다.

❸ 냄비에 식용유를 두르고 소고기와 편마늘을 볶은 다음 멸치국물을 조금씩 넣어 익힌다.

❹ ③에 마와 마른 고추, 남은 멸치국물, 설탕, 진간장을 넣고 끓인다.

❺ 불을 줄이고 녹말물 1큰술을 넣어 농도를 맞춘다.

• 마는 껍질을 벗길 때 간지러움을 유발할 수 있으니 장갑을 끼거나 재빨리 껍질을 제거하세요.

요리별 난이도
Medium
조리시간 : 30분
냉장보관 : 1일

소고기배추전

지역에 따라 특히 생각나는 음식들이 있죠. 배추전은 경상도에서 많이 부쳐 먹던 음식인데요. 평소 배추전을 좋아하는데 사먹으려 해도 메뉴를 준비해놓은 곳을 찾기가 쉽지 않더라고요. 그래서 직접 부쳐 먹기 시작했지요.

보통 배추만 살짝 데쳐서 밀가루반죽을 발라 노릇하게 부쳐서 먹는데요. 한번은 남편이 배추전 타령을 해서 만들어 줬더니 남편 반응이 시큰둥했어요. 뭔가 심심하다고 그러더라고요. 그래서 이렇게 저렇게 궁리를 해보다가 배추 사이에 소고기를 넣고 부쳐봤어요. 완전 대성공~. 달큼한 배추와 소고기가 만나 맛이 끝내줬어요. 남편도 물론 대만족이었죠.

소고기배추전은 손님상에 올려도 손색없는 요리예요. 찬바람 살랑살랑 부는 주말, 입이 심심하다면 한 번 부쳐보세요. 소리만 들어도 군침이 가득 고입니다.

준비 재료

배추 4장, 소고기 200g, 밀가루 ⅔컵, 계란 6개, 식용유 적당량

소고기양념: 진간장 2큰술, 설탕 2큰술, 참기름 2작은술

How to make

❶❷ 소고기는 곱게 다진 후 진간장, 설탕, 참기름으로 양념한다.

❸❹❺ 배추는 끓는 물에 2분 정도 데친 후 물기를 제거한다. 찬물에 헹구지 않는다. 배추에 밀가루를 묻히고 양념한 소고기를 올린 다음 밀가루를 살짝 뿌리고 다른 배추로 덮는다.

❻ 배추 윗면에도 밀가루를 살짝 뿌린 후 먹기 좋은 크기로 자른다.

❼ 계란물을 입힌다.

❽ 중불에서 노릇하게 익혀 준다.

• 배추를 끓는 물에 너무 오래 데치면 물러져서 맛이 없어요. 아삭한 식감을 살려 주세요.

Cooking tip

밀가루는 물기를 흡수할 정도로 살짝만 뿌리세요.

요리별 난이도
Easy
조리시간 : 1시간
냉장보관 : 3일

매콤제육구이

가을 반찬

준비 재료

돼지고기(등심) 300g

고추장소스: 고추장 1½큰술, 진간장 1큰술, 설탕 1큰술, 다진 파 ½큰술, 다진 마늘 ½큰술, 고춧가루 1작은술, 다진 생강 1작은술, 참기름 1큰술, 깨소금 1작은술, 후춧가루 조금

1

2

3

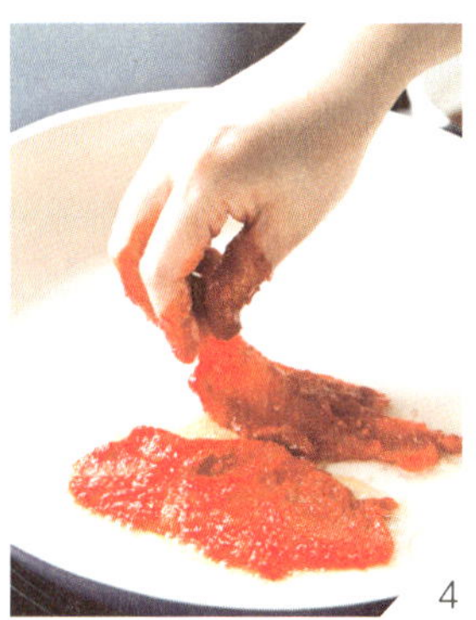
4

How to make

❶ 도톰하게 썬 돼지고기는 망치로 두들겨 부드럽게 만든다.

❷ 사방으로 5㎜ 정도의 잔 칼집을 넣어 구워 오그라들지 않게 한다.

❸ 고추장에 갖은 양념을 넣고 섞어 고추장소스를 만든다.

❹ 돼지고기는 한 장씩 펴서 고추장소스를 발라 주물러 간이 배도록 1시간 정도 재운 후 팬에 한 장씩 고루 익도록 굽는다.

민지 셰프의 요리 kick! !!

- 닭다리살에 같은 고추장소스로 양념해 구워도 맛있어요.
- 센 불에 조리하면 양념 때문에 탈 수 있으니 중불에서 구우세요.

Cooking tip

망치가 없다면 칼등으로 두들겨도 돼요!

요리별 난이도
Easy
조리시간 : 25분
냉장보관 : 5일

유자 연근 초절임

준비 재료

연근 2개, 식초 3큰술, 물 5컵(1ℓ)

절임물: 유자청 · 물 2컵(400㎖)씩, 식초 1컵(200㎖), 설탕 ½컵, 굵은 소금 1큰술

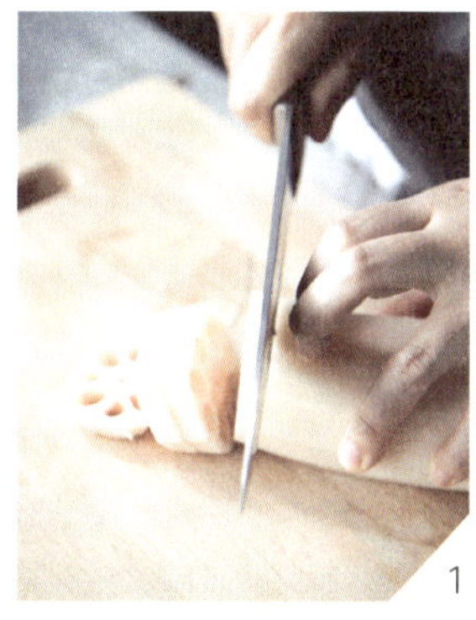
1

2

3

4

How to make

❶❷ 연근은 필러로 껍질을 제거한 후 0.5㎝ 두께로 모양대로 썰어 식초를 넣은 물에 10분간 담가 쓴맛을 없앤다.

❸ 끓는 물에 3분간 데친다.

❹ 볼에 분량의 재료를 모두 섞어 절임물을 만들어 붓고 깨끗이 소독한 병에 넣어 냉장보관 한 후 이틀이 지나서부터 먹는다.

민지 셰프의 요리 kick! !!

- 연근을 유자청에 절이면 고급스런 맛이 나요.
- 도시락 반찬이나 고기를 먹을 때 곁들이면 입맛을 돋워요.

Cooking tip

식초물에 담가 쓴맛을 제거하세요.

요리별 난이도
Medium
조리시간 : 30분
냉장보관 : 1일

크런치 새우튀김

QR코드를 찍으면
만들기 동영상

준비 재료

중하새우 10마리, 밀가루 3큰술, 계란 2개, 콘플레이크(달지 않은 것) 1컵
단무지소스: 단무지(다진 것) 3큰술, 마요네즈 3큰술, 설탕, 후춧가루 조금씩

1

2

3

4

How to make

❶ 새우는 내장을 제거한 다음 칼집을 내고 밀가루, 계란, 콘플레이크(가루로 부셔서 준비)를 순서대로 바른다.
❷ 180℃ 기름에서 표면이 노릇해질 때까지 바삭하게 튀겨 낸다.
❸ 소스 재료를 모두 섞어 단무지소스를 만든다.
❹ 새우튀김과 소스를 곁들여 상에 낸다.

• 소스를 만들 때 단무지 말고 초생강을 사용해도 상큼한 소스가 됩니다.

요리별 난이도
Easy
조리시간 : 20분
냉장보관 : 1일

쌀가루 입힌 더덕튀김

가을 반찬

준비 재료

더덕 300g, 쌀가루 100g, 식용유 적당량

양념장: 진간장 5큰술, 설탕 3큰술, 다진 마늘 1큰술, 참기름 1큰술, 깨소금 조금

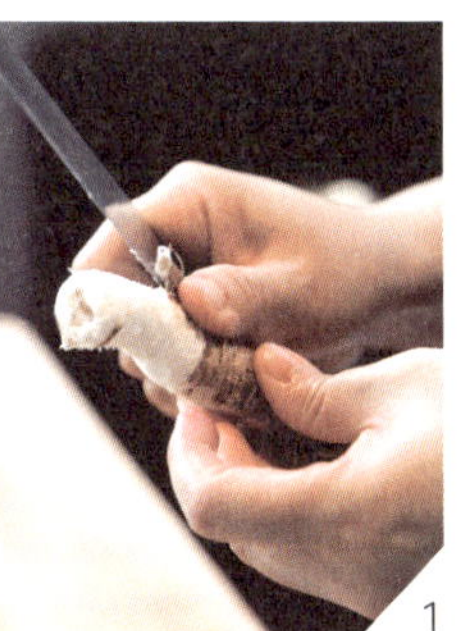
1

2

3

4

5

How to make

❶❷ 더덕은 겉에 묻은 흙을 씻어 낸 후 필러로 껍질을 벗기고 칼등으로 두들겨 준다.

❸ 양념장을 만들어 더덕에 양념한다.

❹❺ 쌀가루를 꼼꼼히 입혀 170℃ 기름에 튀긴다.

• 쌀가루를 입히면 더욱 부드러워요.

Cooking tip

귀두는 더덕의 효능을 억제해요. 반드시 잘라주세요.

요리별 난이도

Medium

조리시간 : 1시간30분

냉장보관 : 3일

경상도식 소고기무국

엄마가 차려주던 따뜻한 소고기무국에 밥 한 그릇, 더 말할 나위가 없죠. 보통 소고기무국 하면 맑은 장국을 떠올려요. 소고기를 참기름에 달달 볶다가 무와 같이 끓여 국간장으로 간한 소고기무국. 그런데 경상도에서는 끓이는 방법이 조금 달라요. 제 고향인 대구에서는 무국에 고춧가루를 넣어 칼칼하게 끓여요.

한번은 친구들이 우리 집에 놀러 왔는데요. 고향 대구의 레시피로 고춧가루를 넣은 빨간 소고기무국을 끓여 주었더니 이게 무슨 소고기 무국이냐며 육개장이라고 아우성인 거예요. 그런데 채소가 많이 들어가는 육개장과는 조금 달라요.

바쁜 아침이나 쌀쌀한 날에 칼칼한 소고기무국 한 그릇이면 속이 든든해요. 저는 찬바람이 불거나 몸살 기운이 있을 때는 어김없이 소고기무국이 생각나요. 정말 속까지 시원해지는 맛이거든요.

준비 재료

소고기(양지) 400g, 무 400g, 대파 3대, 콩나물 100g, 고춧가루 3큰술, 다진 마늘 2큰술, 국간장 2큰술, 참치액 1큰술, 후춧가루 조금, 식용유 조금, 물 17½컵(3.5ℓ)

How to make

❶ 소고기 양지는 먹기 좋게 2×2㎝ 크기로 썬다.

❷ ❸ 무도 나박하게 3×3㎝ 크기로 썰고 대파는 3㎝ 길이로 썰어 준비한다.

❹ 냄비에 기름을 두르고 소고기와 후춧가루를 넣고 볶다가 무와 고춧가루를 넣어 볶는다.

❺ 분량의 물을 넣고 20분 정도 끓이다가 뚜껑을 연 채 대파, 콩나물을 넣고 끓인다. 콩나물이 익으면 다진 마늘, 국간장, 참치액을 넣고 마무리한다.

- 무를 볶을 때 너무 센 불에 볶으면 고춧가루가 탈 수 있으니 주의하세요.
- 토란대나 고사리를 넣고 끓이면 색다른 무국이 돼요.
- 약한 불에서 오래 끓이면 더 깊은 맛이 나요.

Cooking tip

대파의 흰 부분은 반으로 갈라
맛이 잘 우러나게 합니다.

요리별 난이도
Medium
조리시간 : 1시간 30분
냉장보관 : 2일

된장 꽃게찌개

10월 선선한 바람이 불 때면 어김없이 꽃게찌개가 생각나요. 통통하게 살이 오른 꽃게는 군침이 절로 돌게 하지요. 늘 먹던 된장찌개에 요 꽃게를 넣으면 차원이 다른 맛이 나요. 독특한 모양새만큼이나 그 맛이 다른 어떤 것과도 비교할 수 없는 것 같아요. 무엇보다 제 맛을 내려면 싱싱하게 살아 있는 꽃게로 끓여야 해요.

보통 꽃게를 잘라서 된장 푼 국물에 끓여서 만드는데 저는 좀 다르게 끓여요. 궁중요리를 배우면서 터득한 건데 대방출합니다. 사실 손이 많이 가는 방법이지만 그만큼 정성이 들어간다고 할 수 있지요. 중요한 손님이 오실 때 대접하면 엄지를 척 올리실 거예요. 저도 단골손님에게 해드렸더니 감동을 받으시더라고요. 게살이 통통하게 올랐을 때 보글보글 끓여보세요. 달큼하면서 얼큰 시원한 꽃게찌개에 밥 한 그릇 게 눈 감추듯 사라져요. 뜨끈할 때 드셔야 가장 맛있어요.

준비 재료

꽃게 2마리, 소고기 간 것 100g, 두부 80g, 숙주 조금, 다진 마늘 1큰술, 계란 1개, 밀가루 3큰술, 무 ¼개, 대파 1대, 청양고추 1개, 홍고추 1개, 식용유 적당량

국물 양념: 된장 3큰술, 고춧가루 3큰술, 국간장 1큰술, 멸치국물 4~5컵(800㎖~1ℓ), 다진 마늘 1큰술, 소금 · 후춧가루 조금씩

How to make

❶ 꽃게는 솔로 구석구석 닦은 후 모래주머니, 아가미를 잘라낸다.

❷ 게딱지에 있는 살과 몸통에 있는 살을 다 발라 준 다음 물기를 뺀 두부와 데친 숙주, 소고기, 다진 마늘을 넣고 치댄다.

❸❹❺❻ 게딱지 안쪽에 밀가루를 바른 다음 ②를 넣고 계란을 입혀 팬에 굽는다.

❼ 살을 발라낸 몸통과 게 껍데기는 멸치국물에 넣고 끓인 다음 건져 낸다.

❽ ⑦에 국물 양념을 한 다음 무와 대파, 청양고추와 팬에 구운 게를 넣고 끓인다.

❾ 마지막에 홍고추를 어슷 썰어 넣고 마무리한다.

- 꽃게는 내장 손질을 잘해야 비린내와 잡내가 없답니다.
- 꽃게를 한 번 구워서 국물이 더 진하고 고소해요.

QR코드를 찍으면
만들기 동영상

1 2 3 4 5 6 7 8 9

요리별 난이도

Medium

조리시간 : 30분

냉장보관 : 2일

소고기버섯맑은탕

가을 반찬

준비 재료

소고기(양지) 200g, 무 200g, 대파 1대, 느타리버섯 50g, 표고버섯 50g, 양송이버섯 50g, 두부 ½모, 다진 마늘 1큰술
국물 양념: 다시마국물 5컵, 국간장 1큰술, 참치액 1큰술, 후춧가루 조금

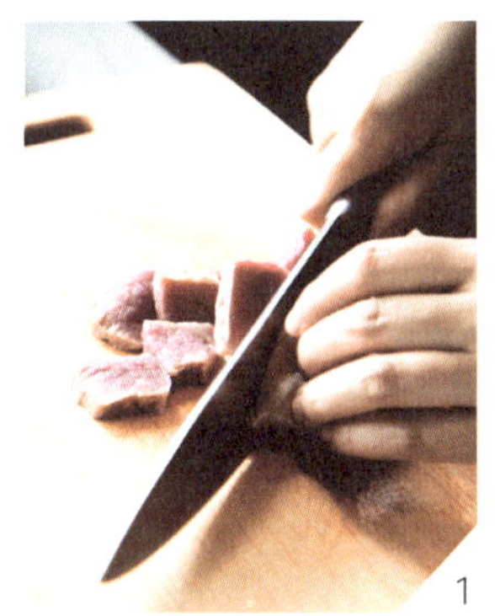
1

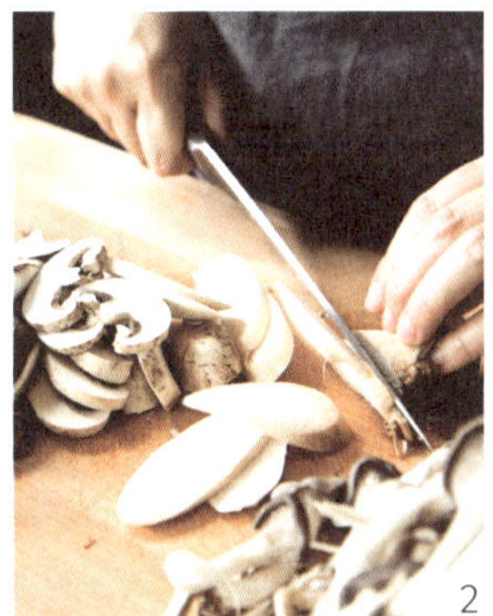
2

3

4

How to make

❶ 소고기와 무는 3×3㎝ 크기로 썬다.
❷ 느타리버섯은 손으로 찢어 주고, 표고버섯과 양송이버섯은 먹기 좋게 썬다. 두부는 무와 비슷한 크기로 썬다.
❸ 냄비에 다시마국물을 담고 소고기와 무를 넣고 끓인다.
❹ 끓어오르면 ②의 버섯과 다진 마늘, 두부를 넣고 좀 더 끓이다가 국간장, 참치액, 후춧가루로 간하고 어슷 썬 대파를 넣어 마무리한다.

민지 셰프의 요리 kick!!!

- 다시마국물은 물 6컵에 다시마 50g을 넣고 끓여서 만들어요.
- 버섯을 넣을 때 거피들깨가루를 넣어 주면 버섯들깨탕이 돼요.

Cooking tip

참치액이 감칠맛을 살려요

+Plus 가을 반찬 레시피

제철을 바로 맛볼 수 있는 퀵메뉴를 소개합니다

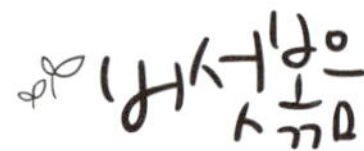

준비 재료

느타리버섯 50g, 표고버섯 50g, 다진 마늘 1큰술, 국간장 ½큰술, 참치액 ½큰술, 후춧가루 조금

How to make

❶ 느타리버섯은 손으로 찢어 주고, 표고버섯은 3㎜로 썬다.

❷ 끓는 물에 ①을 데쳐 찬물에 헹군 후 물기를 꼭 짠다.

❸ ②에 다진 마늘, 국간장, 참치액, 후춧가루를 넣어 조물조물 무친 다음 기름을 두른 팬에 볶는다.

민지셰프의 요리킥!

• 기호에 따라 청양고추나 홍고추를 넣으면 맛과 색감이 좋아요.

• 버섯을 데친 후 볶으면 물이 생기지 않아요.

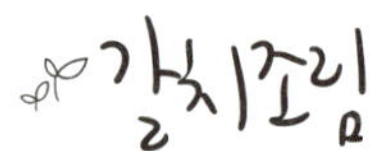

준비 재료

갈치 1마리, 애호박 1개, 무 ¼개, 청양고추 2개, 홍고추 1개, 대파 1대

양념장: 진간장 3큰술, 국간장 2큰술, 맛술 1큰술, 고춧가루 3큰술, 다진 마늘 2큰술, 다진 생강 1큰술, 물 1큰술

How to make

❶ 갈치는 내장과 지느러미를 제거하고 칼등으로 비늘을 긁어낸 다음 먹기 좋게 토막을 낸다.
❷ 홍고추, 청양고추는 어슷 썰고 대파도 어슷 썬다. 애호박은 네모나게 썬다. 무도 네모나게 썬다.
❸ 냄비에 무, 애호박을 깔고 갈치를 올린 다음 양념장을 넣어 끓인다.
❹ 무가 어느 정도 익으면 대파, 홍고추를 넣고 한소끔 끓인다.

민지셰프의 요리킥!

• 기호에 따라 감자나 시래기를 넣어 보세요.

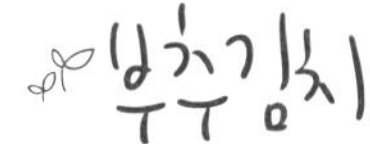

준비 재료

부추 1단(400~500g)
양념장: 고춧가루 1컵, 멸치액젓 1컵, 다진 마늘 3큰술, 다진 생강 1큰술, 설탕 2큰술

How to make

❶ 부추는 살살 흔들어 씻어 3등분 한 후 물기를 뺀다.
❷ 분량의 재료를 모두 섞어 양념장을 만든다.
❸ 부추에 양념장을 넣고 버무려 통에 차곡차곡 넣어 다음 날부터 먹는다.

민지셰프의 요리킥!

• 부추에 양념장을 넣고 버무릴 때 살살 버무려야 풋내가 나지 않아요.
• 젓갈이 많이 들어가야 시간이 지나도 맛있어요.

PART 04

겨울 반찬

요리별 난이도

Easy

조리시간 : 15분

냉장보관 : 2일

참깨소스 시금치무침

준비 재료

시금치 1단, 통깨 2큰술, 참기름 1큰술, 된장 2큰술, 식초 4큰술, 설탕 1큰술, 고추냉이 약간, 물 1큰술

1

2

3

4

How to make

❶ ❷ 시금치는 다듬은 후 끓는 소금물에 30초간 데친 후 얼음물에 1분 정도 담갔다 건진다. 물기를 꼭 짠 다음 4㎝ 길이로 썬다.

❸ 통깨를 절구에 넣고 곱게 빻는다.

❹ 빻은 통깨에 참기름, 된장, 식초, 고추냉이, 설탕, 물을 넣고 고루 섞는다. 데친 시금치 위에 뿌려 완성한다.

민지 셰프의 요리 kick! !!

• 반찬으로 먹어도 좋지만 전채 요리로도 좋아요.

• 시금치에 물기가 있으면 소스 맛이 묽어져 맛이 떨어져요. 물기를 꼭 짜주세요.

Cooking tip

고추냉이를 살짝!

요리별 난이도
Medium
조리시간 : 1시간 30분
냉장보관 : 10일

무말랭이무침

신선한 채소를 먹기 어려웠던 겨울에 채소를 섭취하는 방법이 햇볕에 잘 말렸다가 두고두고 먹는 것이었어요. 호박, 가지, 고사리, 무 등 여러 가지 채소를 말렸다가 사용하는데 그중 무말랭이는 밑반찬으로 먹기에 좋은 재료예요.

어린 시절 우리 집 밥상에서 빠지지 않고 올라오는 반찬이 무말랭이무침이었어요. 가끔은 마른 오징어를 넣기도 하고 고춧잎을 넣기도 해서 무쳐 먹었지요. 오돌오돌 씹는 맛까지 좋아 밥반찬으로 이보다 좋은 게 없어요.

대구에서는 '오그락지'라고 부르기도 하는데 늦가을, 무가 가장 맛이 좋을 때 썰어서 소쿠리에 널어 말리던 풍경이 아스라이 떠오르네요. 요즘은 가끔 먹으니까 더욱 그 맛이 좋아요. 늦가을 무는 산삼과도 바꾸지 않는다고 할 정도로 건강에 좋으니 자주 밥상에 올려보세요.

준비 재료

말린 무 100g, 쪽파 50g, 진간장 1큰술, 통깨 1큰술, 참기름 1큰술

무 절임물: 진간장 1큰술, 멸치액젓 1큰술, 매실액 2큰술, 고춧가루 2큰술

양념장: 고춧가루 4큰술, 물엿 2큰술, 진간장 2큰술, 참치액 2큰술, 다진 마늘 2큰술, 생강즙 1큰술, 찹쌀풀 ⅓컵

How to make

❶ 말린 무는 흐르는 물에 빨리 씻어 낸 다음 물기를 제거한다.

❷ 절임물에 무를 20분 담갔다가 건진다.

❸ 무에 양념장과 찹쌀풀을 넣어 버무린다.

❹ 쪽파는 깨끗이 씻어 반으로 갈라 4㎝ 길이로 썬 다음 진간장 1큰술에 30분간 재운 뒤 무말랭이와 함께 버무린다. 마지막에 참기름, 통깨를 뿌린다.

- 찹쌀풀은 멸치국물로 만들어야 더 맛있어요.
- 고춧잎이나 마른 오징어를 넣으면 또 다른 맛으로 즐길 수 있어요.

1
2
3
4

요리별 난이도
Easy
조리시간 : 25분
냉장보관 : 3~4일

무나물

준비 재료

무 500g, 굵은 소금 1큰술, 식용유 적당량, 쪽파 조금

1

2

3

How to make

❶ 무는 채칼로 가늘게 썬 다음 굵은 소금을 뿌려 20분간 절인다.

❷ 무가 절여지면 수분을 제거한 후 기름 두른 팬에 넣고 볶는다. 절인 무를 맛 봤을 때 짜다 싶으면 물에 헹군 다음 볶아 준다.

❸ 송송 썬 쪽파를 뿌려 완성한다.

민지 셰프의 요리 kick! !!

• 무를 소금에 절이면 수분이 빠져 꼬들꼬들한 식감을 낼 수 있어요.

요리별 난이도

Easy

조리시간 : 20분

냉장보관 : 1일

굴소스 소고기 쪽파 말이

요리는 창작이라고 하죠? 저도 이런저런 시도를 많이 해보면서 새로운 메뉴를 만들 때 희열을 느끼곤 해요. 언젠가 육포를 만들려고 홍두깨살을 많이 산 적이 있어요. 홍두깨살은 우둔의 한 부분인데 넓적다리 안쪽에서 엉덩이 바깥쪽으로 이어진 부위예요. 흔히 장조림할 때 많이 사용하는데요. 그때 사도 너무 많이 산 나머지 남은 홍두깨살을 어떻게 처리해야 하나 고민에 빠졌어요.

마침내 여러 가지 채소를 넣고 말아보기로 했지요. 이것저것 채소를 넣고 말았는데 그중에서 쪽파만 넣고 만 것이 가장 식감도 좋고 향도 맛도 조화가 일품이었어요. 모양마저 예뻐서 보기만 해도 흐뭇해지는 마음. 여러 재료가 들어가야 맛이 나는 요리도 있지만 이렇게 단 두 가지 재료여서 더욱 맛이 조화로운 경우도 있어요.

올 겨울엔 레스토랑 반찬으로 내보려고 해요. 만들기가 간편하면서 모양도 예뻐 손님상에 내도 손색없어요.

준비 재료

소고기(홍두깨) 100g, 굴소스 2큰술, 청주 1큰술, 쪽파 1단

How to make

❶ 소고기에 굴소스, 청주를 뿌린 뒤 쪽파 20뿌리 정도의 파란 잎 부분을 고기에 적당히 올려 돌돌 만다.

❷ 먹기 좋은 크기로 썬다.

❸ 기름 두른 팬에 돌려가며 굽는다.

- 중불에서 빨리 구워야 제 맛이 나요.
- 소고기 홍두깨를 두께 2㎜, 길이 15㎝ 정도로 썰어서 말아 주는 게 가장 맛있어요.
- 쪽파는 푸른 잎이 부드럽고 한 뿌리에서 줄기가 많이 갈라지지 않은 것일수록 좋아요.

1

2

3

Cooking tip

김밥 썰듯 살살 써세요

요리별 난이도

Medium

조리시간 : 20분

냉장보관 : 4일

명란젓갈무침

명태의 알을 소금에 절여 담근 명란젓은 밥반찬으로 훌륭한 재료예요. 한 번에 넉넉히 사다가 냉동실에 넣어 두고 먹으면 유용하지요. 찌개, 파스타에 넣어 먹기도 하고 두부와 같이 섞어 샐러드를 만들기도 하고, 그대로 참기름만 떨어뜨려 따뜻한 밥과 먹어도 꿀맛이에요. 명란젓에는 단백질과 비타민E도 풍부해요. 흔히들 명란젓갈무침을 사다가 먹는데 명란젓을 사다가 직접 집에서 양념해 먹으면 더욱 깔끔하게 즐길 수 있어요. 명란에 고춧가루, 마늘, 배, 양파 등으로 양념에 버무리면 끝이에요.

저는 어렸을 때 명란젓갈무침을 특히 많이 먹었어요. 친정엄마는 명란젓갈무침에 소금에 살짝 절인 무를 같이 무쳤는데 어린 저는 명란보다도 무를 특히 맛있어 했어요. 짭짤한 명란과 고소한 참기름 향이 어우러져 고급스런 풍미가 나요. 진정한 밥도둑, 아니 밥친구이지요.

준비 재료

명란젓 350g, 무 100g, 다진 파 2큰술, 통깨 1큰술, 참기름 1큰술, 소금 ½큰술

How to make

❶ 명란젓은 껍질을 제거한다.

❷ 무는 껍질을 벗겨 얇게 저민 후 1×1㎝로 작게 썬다.

❸ 무에 소금을 뿌려 절인 후 한 번 씻어서 손으로 물기를 꼭 짠다.

❹ ①의 명란젓에 무와 다진 파, 통깨, 참기름, 소금을 넣고 무친다.

- 무를 절여서 물기를 완전히 제거한 후 넣어야 오독오독 식감이 좋아요.
- 명란젓은 자연의 붉은 빛이 돌면서 단단한 것을 고릅니다. 너무 빨간 것은 착색의 우려가 있으니 잘 살펴보세요. 알주머니가 찢어졌거나 질척거리는 것은 피합니다. 싱싱한 것을 골라 소금물에 살살 씻어 건져 물기를 뺀 다음 사용하면 좋습니다.

1
2
3
4

요리별 난이도
Medium
조리시간 : 40분
냉장보관 : 3일

 코다리조림

준비 재료

코다리 2마리, 무 300g, 다시마국물 1½컵(300㎖), 대파 1대

코다리 밑간: 생강즙 ½작은술, 청주 2큰술, 소금 · 후춧가루 조금씩

양념장: 진간장 2큰술, 국간장 1큰술, 참치액 1큰술, 청주 2큰술, 고춧가루 4큰술, 설탕 1큰술, 물엿 2큰술, 다진 양파 ¼개, 다진 청 · 홍고추 1개 분량씩, 다진 파 ½대 분량, 다진 마늘 1큰술, 다진 생강 ½작은술, 통깨 조금

겨울 반찬

1

2

3

4

 How to make

❶ 코다리는 머리와 꼬리를 잘라내고 3㎝ 길이로 토막 내 밑간한다.

❷ 무도 사방 3㎝로 썬다.

❸ ❹ 냄비에 무를 깐 다음 양념장 반과 다시마국물을 넣고 끓이다가 무가 익으면 코다리와 나머지 양념장을 넣고 졸인다. 어슷 썬 대파를 마지막으로 넣는다.

민지 셰프의 요리 kick!!!

- 다시마국물은 물 6컵에 다시마 50g을 넣고 끓여서 만들어요.
- 코다리를 손질한 후 밑간을 해야 비린내를 없앨 수 있어요.

Cooking tip

코다리 내장의 까만 껍질을 제거해야 쓴맛이 나지 않아요.

요리별 난이도

Easy

조리시간 : 40분

냉장보관 : 1일

매생이계란찜

QR코드를 찍으면
만들기 동영상

준비 재료

계란 4개, 멸치국물 ½컵, 매생이 50g, 국간장 ½작은술, 참치액 ½작은술

1

2

3

4

겨울 반찬

How to make

❶ 계란은 거품기로 잘 풀어서 체에 한 번 내린다.

❷ 매생이는 체에 밭쳐 흐르는 물에 씻은 후 계란물에 넣어 거품기로 섞는다.

❸ ❹ 멸치국물, 국간장, 참치액을 넣고 쿠킹호일로 뚜껑을 만든 후 중탕으로 15~20분간 찐다.

민지 셰프의 요리 kick! !!

- 식성에 맞게 굴을 50g 정도 추가하면 맛이 잘 어우러져요.
- 계란을 풀어서 체에 한 번 내리면 찜이 부드러워집니다.
- 매생이는 제철인 겨울에 구입한 후 먹기 좋게 나눠서 용기에 담아 냉동보관 하면 일 년 내내 먹을 수 있답니다. 필요할 때마다 실온에서 녹인 후 요리하세요.

Cooking tip

매생이가 잘 섞이도록 충분히 저어 주세요!

요리별 난이도
Medium
조리시간 : 1시간
냉장보관 : 2일

콩나물 아귀수육

준비 재료

아귀 ½마리, 콩나물 1봉지, 미나리 100g, 대파 2대, 양파 1개, 청주 1컵

초간장: 진간장 2큰술, 식초 2큰술, 물 1큰술, 고춧가루 ½큰술

1

2

3

How to make

❶ 아귀는 내장을 손질한 다음 흐르는 물에 깨끗이 씻어 청주를 뿌려 20분간 둔다.

❷❸ 김이 오른 찜기에 대파, 양파, 콩나물을 깐 다음 먹기 좋게 자른 아귀와 미나리를 올려 30분간 찐다.

민지 셰프의 요리 kick!!!

- 아귀는 지저분한 뼈를 제거해야 먹기 편해요.
- 상에 낼 때 초간장을 곁들입니다. 맵게 먹을 땐 고춧가루와 청양고추 등을 양념장에 더 넣어 곁들이세요.

겨울 반찬

요리별 난이도

Easy

조리시간 : 20분

냉장보관 : 1일

신사동삼합

가끔 남편하고 데이트하고 싶은 날이 있어요. 레스토랑을 운영하고 있지만 그런 날엔 다른 곳을 찾아요. 어느 날 남편과 오붓하게 삼겹살을 먹으러 간 적이 있어요. 한참 삼겹살을 구워 먹고 있는데 굴을 서비스로 주시더라고요. 선선한 바람이 부는 10월 제철을 맞아서인지 통통하게 살이 오른 굴이었어요. 삼겹살을 굽던 차여서 무심코 같이 구웠지요. 삼겹살과 구운 굴, 구운 김치를 같이 먹었는데 그 궁합이 잘 어우러져 맛이 황홀했어요. '유레카'를 외치고 싶을 정도로. 늘 먹던 삼겹살 맛이 색다르게 느껴지더라고요.

구운 김치 대신 절인 깻잎을 곁들여도 환상적인 궁합이에요. 삼겹살을 올려 어느 정도 구워졌을 때 생굴을 함께 올려 구우세요. 삼겹살과 함께 구우면 생굴에 고소한 기름의 풍미가 입혀져 더욱 맛이 좋아져요.

이 책에 들어갈 메뉴를 구상하면서 홍어삼합이 빠져 있던 차에 그날의 색다른 삼합을 넣어야겠다고 생각했어요. 굴이 나오는 계절에 한 번 시도해보세요. 별미랍니다.

준비 재료

삼겹살(구이용) 200g, 참기름 2큰술, 소금 · 후춧가루 조금씩, 굴 200g, 익은 김치 100g, 설탕 1큰술

How to make

❶ 삼겹살은 한입 크기로 썰어 참기름을 넉넉히 두른 팬에 소금, 후춧가루를 뿌려 가며 굽는다.

❷ 굴은 흐르는 물에 재빨리 씻어 내고, 물기를 뺀 다음 달궈진 팬에 살짝 구워 준다.

❸ 익은 김치는 먹기 좋게 썰어 설탕 1큰술을 넣고 조물조물 무친 다음 기름 두른 팬에 볶는다.

❹ 삼겹살, 굴, 익은 김치를 그릇에 예쁘게 담아 완성한다.

• 삼겹살을 참기름에 구우면 잡내를 없앨 수 있어요.

• 반찬으로도 손님상에도 안성맞춤이에요.

1

2

3

4

요리별 난이도
Medium
조리시간 : 30분
냉장보관 : 1일

홈메이드 육회

싸고 질 좋은 고기 하면 마장동 축산물시장이 떠오르지요. 선홍빛 신선한 고기가 즐비하답니다. 종종 마장동에 가는데 갈 때마다 육회용 고기를 사와요. 전생에 호랑이였냐는 말을 들을 정도로 전 육회를 정말 좋아해요.

육회는 소고기의 살코기를 얇게 저며 양념에 날로 무친 회를 말해요. 예부터 일본이나 중국보다 우리나라에서 즐겨 먹었던 음식이지요.《시의전서》라는 고서에 육회 만드는 방법이 적혀 있기도 하지요. "기름기 없는 연한 소고기의 살을 얇게 저며 물에 담가 핏기를 빼고 가늘게 채를 썬다. 파 · 마늘을 다져 후춧가루 · 깨소금 · 기름 · 꿀 등을 섞어 잘 주물러 재고 잣가루를 많이 섞는다"라고 되어 있어요.

육회는 집에서 만들어 먹기 힘들다고 생각하지만 신선한 고기를 사와서 집에서 양념하면 식당에서 먹는 것보다 훨씬 깔끔하고 신선하게 먹을 수 있어요. 연하면서도 기름기 없는 우둔이나 홍두깨살을 구입해 집에서 꼭 육회를 만들어보세요~

준비 재료

소고기(우둔살) 300g, 미나리 2줄기, 마늘 1쪽, 배 ⅛쪽, 설탕 1큰술, 물 1큰술, 깨소금 조금
양념: 진간장 3큰술, 설탕 2큰술, 꿀 1작은술, 참기름 1큰술, 생강즙 1작은술, 후춧가루 조금

How to make

❶ 소고기 우둔살은 채 썬 다음 키친타월에 올려 꾹꾹 눌러 핏물을 제거한다.
❷ 미나리는 잎은 하나씩 떼어 주고 줄기는 송송 썬다. 마늘과 배는 채 썰고, 배는 설탕물에 담가 둔다.
❸ ①에 양념 재료 중 생강즙을 먼저 넣고 버무린 다음 나머지 양념을 넣고 버무린다. ②의 재료를 마저 넣고 한 번 더 재빨리 버무린다.
❹ 참기름을 넣어 마무리한다.

- 배는 채 썰어 옆에 곁들여 내도 좋아요.
- 미나리를 듬뿍 넣으면 입안을 개운하게 해 줘요.

QR코드를 찍으면
만들기 동영상

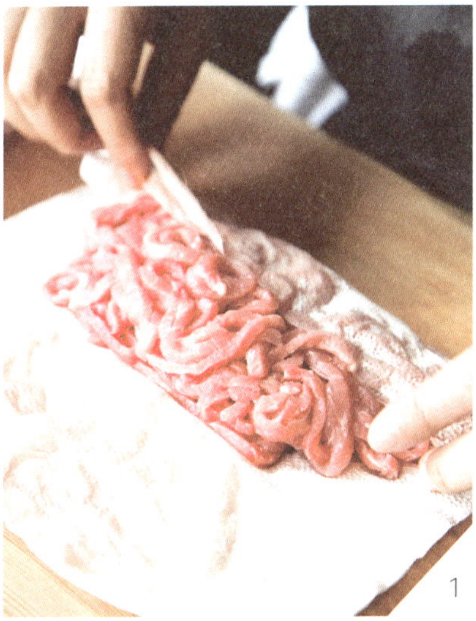

1

2

3

4

요리별 난이도
Hard
조리시간 : 1시간30분
냉장보관 : 3일

등갈비콩탕

준비 재료

등갈비 300g, 익은 김치 썬 것 1컵, 식용유 1큰술, 물 1½컵

콩물: 검은콩 1컵, 물 1컵

갈비양념: 진간장 1큰술, 다진 마늘 1큰술, 생강즙 1작은술, 새우젓1큰술, 후춧가루 ½큰술

양념장: 진간장 2큰술, 다진 파 2큰술, 다진 마늘 1작은술, 깨소금 1큰술, 고춧가루 1큰술, 참기름 1큰술

1

2

3

4

How to make

❶ 검은콩은 6시간 물에 불려 씻어 낸 다음 블렌더에 콩과 물을 동량으로 넣고 곱게 간다.

❷ 등갈비는 찬물에 2시간 동안 담가 핏물을 뺀 후 갈비양념을 넣어 30분간 재운다.

❸ 김치는 속을 털어내고 송송 썰어 식용유를 넣고 버무린다. 냄비에 양념한 등갈비를 넣고 볶다가 겉이 익으면 김치를 넣어 고루 섞은 뒤 물을 붓고 충분히 끓인다.

❹ 국물이 조금 줄면 콩물을 넣는다. 끓어오를 때까지 젓지 말고 끓인다. 기호에 따라 양념장을 곁들인다.

민지 셰프의 요리 kick!!!

- 검은콩으로 탕을 끓이면 대두보다 더 고소하고 진한 맛을 낼 수 있습니다.
- 등갈비로 육수를 내면 진한 맛이 배가 됩니다.
- 짜지 않게 끓여 손님상 마지막에 식사 대신 내도 좋습니다.

요리별 난이도

Medium

조리시간 : 40분

냉장보관 : 3일

 묵은지청국장찌개

준비 재료

청국장 200g, 멸치국물 5컵(1ℓ), 삼겹살 100g, 무 100g, 묵은지 6장, 두부 ½모, 양파 ½개, 애호박 ½개, 표고버섯 2개, 대파 1대, 청양고추 2개, 다진 마늘 1큰술

1

2

3

 How to make

❶ 무, 두부, 양파, 애호박, 표고버섯, 대파, 청양고추는 사방 2×2㎝ 크기로 썬다.

❷ 삼겹살은 3×3㎝ 크기로 썬다. 묵은지도 4×4㎝ 정도로 썬다.

❸ 삼겹살과 무를 볶다가 삼겹살이 익으면 멸치국물을 붓고 청국장과 나머지 재료를 넣어 끓인다. 마지막으로 다진 마늘을 넣고 한소끔 끓여 완성한다.

민지 셰프의 요리 kick!!!

- 무생채를 곁들여 묵은지청국장찌개에 비벼 먹으면 밥도둑이 따로 없어요.
- 돼지고기를 많이 넣을수록 깊은 맛이 나요.
- 기호에 따라 고춧가루를 넣어 칼칼한 맛을 낼 수 있어요.

+Plus 겨울 반찬 레시피

제철을 바로 맛볼 수 있는 퀵메뉴를 소개합니다

어리굴젓

준비 재료

굴 300g, 대파 흰 부분 20g(2대 분량), 마늘채 10g(2쪽 분량), 생강채 조금
양념: 고운 고춧가루 3큰술, 굵은 소금 한꼬집, 깨소금 1큰술

How to make

❶ 굴은 소금물에 흔들어 씻은 후 체에 밭쳐 물기를 뺀다.
❷ 대파, 마늘, 생강은 채 썬다.
❸ 볼에 ①과 ②를 함께 담고 고춧가루와 굵은 소금, 깨소금으로 버무린다. 밀폐용기에 담아 2~3일 후에 먹는다.

민지셰프의 요리킥!

- 버무릴 때 손으로 버무리면 삭을 수 있으니 꼭 조리도구를 이용해서 버무리세요.
- 먹기 전에 식초 한 방울을 떨어뜨리면 한층 맛깔스러워요.

배추나물

준비 재료

알배추 1통, 국간장 1큰술, 다진 마늘 1큰술, 다진 파 2큰술, 참기름 1큰술, 검은깨 1작은술, 소금 · 실고추 조금씩

How to make

❶ 알배추는 곱게 채 썬다.

❷ 끓는 물에 채 썬 알배추를 데친 후 물기를 제거한다.

❸ ②에 국간장, 다진 마늘, 다진 파, 참기름, 소금을 넣고 조물조물 무친 다음 검은깨와 실고추를 뿌려 완성한다.

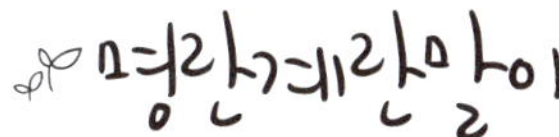

준비 재료

계란 6개, 명란 2줄, 다진 파 1큰술, 참기름 · 깨소금 · 소금 ½큰술씩

How to make

❶ 계란은 고루 풀어 소금으로 간한 후 체에 한 번 내린다.

❷ 명란은 껍질을 제거한 다음 다진 파, 참기름, 깨소금으로 양념한다.

❸ 팬에 기름을 살짝 두른 뒤 휴지로 닦아 낸다. 여기에 ①의 계란을 조금 부어 살짝 익으면 명란을 올려 말아 준다. 계란을 조금씩 부어 가며 말아 준다.

민지셰프의 요리킥!

- 계란을 체에 한 번 내리면 훨씬 부드러워져요.
- 계란을 조금씩 부어 가며 여러 차례 말아야 모양이 예뻐요.

PART 05

궁중반찬

요리별 난이도
Medium
조리시간 : 1시간
냉장보관 : 3일

닭북어찜

우리가 흔히 해 먹는 국물 있는 닭요리의 대표주자인 닭볶음탕. 고추장, 고춧가루 넣어 매콤하게 만들어 먹는데, 저희 집에서는 좀 독특하게 고추장이나 고춧가루를 넣지 않고 간장으로만 만들었어요. 사실 고추장, 고춧가루를 넣지 않았으니 닭볶음탕이라고 부르기에도 애매하긴 하죠. 그게 닭볶음탕인 줄 알았는데 고등학생이 되어 처음으로 밖에서 먹어본 닭볶음탕은 얼큰하고 칼칼하면서도 개운해서 완전히 새로운 맛이었어요.

그렇게 시작된 닭볶음탕 사랑이 닭북어찜으로 이어졌지요. 닭북어찜은 전통 궁중요리 중 하나예요. 닭고기를 지진 후 북어와 같이 찐 요리인데 두 재료가 잘 어우러져요. 닭북어찜은 어릴 때 집에서 먹던 닭볶음탕을 떠올리게 해요. 닭북어찜은 어린아이들도 좋아하고 매운 양념이 지겨워질 때 한 번씩 해 먹으면 좋아요.

준비 재료

닭 1마리, 소금 ½작은술, 후춧가루 조금, 마른 고추 1개, 생강 1톨, 식용유 3큰술, 북어포 1마리, 다시마 10㎝ 조각, 계란 1개, 조청 2큰술, 물 2컵(200㎖)

양념장: 진간장 ⅔큰술, 설탕 1큰술, 다진 파 2큰술, 다진 마늘 1큰술, 깨소금 1큰술, 참기름 1큰술, 후춧가루 조금

How to make

❶ 닭은 손질한 다음 알맞은 크기로 토막을 내어 소금, 후춧가루로 밑간을 한다.

❷ 마른 고추를 1㎝ 크기로 자르고 생강을 편으로 썰어 기름 두른 팬에 넣고 볶아 기름에 향이 돌게 한다. 준비한 닭을 넣어 노릇하게 지진다.

❸ 북어포를 물에 잠깐 담가 불린 후 물기를 꼭 짜고 4㎝ 길이로 자른다.

❹ 다시마도 물에 불려 네모지게 썰어 준비한다.

❺ ❻ 진간장에 다진 마늘, 다진 파 등을 넣고 고루 섞어 양념장을 만든다.

❼ 냄비에 조청을 넣고 물을 부어 녹이다가 다시마와 지진 닭, 북어포를 넣고 미리 섞어 둔 양념장의 ⅔를 넣어 끓인다.

❽ 가끔 위아래를 뒤적이다가 남은 양념장을 넣는다.

- 팬에 닭을 지질 때 껍질 쪽이 노릇해져야 찜을 했을 때 껍질이 맛있어요.
- 매콤하게 먹고 싶다면 청양고추를 넣으세요.

1
2
3
4
5
6

7

8

Cooking tip
닭기름을 한번 걸러 준비하세요.

요리별 난이도
Medium
조리시간 : 1시간
냉장보관 : 1일

녹두행적

녹두행적은 황해도의 향토음식이에요. 겨울철 김장김치를 털어 꼬치에 꿰어 밀가루와 계란을 입혀서 지진 누름적이에요. 정월 차례상에 올리던 음식이지요. 이 요리는 예전에 궁중음식연구원에 다닐 때 배웠는데 상에 올리면 모두가 좋아하는 메뉴예요.

제대로 된 레시피만 있으면 그리 어렵지 않으면서 흔하지 않은 메뉴여서 사람들의 시선을 사로잡아요. 녹두행적은 녹두를 주재료로 하는 행적인데요. 기호에 따라 재료를 달리하여 응용해도 된답니다.

녹두전은 동그랗게 나오지만 녹두행적은 재료 하나하나 양념을 하여 꼬치에 꿰어 구워요. 꼬치에 꿰어 있는 모양 자체가 고급스러움이 물씬 풍기지요. 술안주로도 좋아요. 어른들이나 중요한 손님이 오셨을 때 상에 내면 정말 칭찬받을 요리예요~

준비 재료

불린 녹두 2컵(녹두 가는 물 ½컵), 양파 간 것 3큰술, 소금 ½작은술, 김치 200g, 느타리버섯 200g, 소고기 150g, 대파 2대(100g), 불린 고사리 70g, 쌀가루 ⅔컵, 참기름 · 깨소금 조금씩
소고기양념: 진간장 ½큰술, 설탕 1작은술, 다진 파 1작은술, 다진 마늘 ½작은술, 깨소금 ½작은술, 참기름 ½작은술, 후춧가루 조금
고사리양념: 소금 ½작은술, 다진 마늘 1작은술, 참기름 1작은술
초간장: 진간장 1큰술, 식초 ⅔~1큰술, 설탕 1작은술, 물 1큰술

How to make

❶ 녹두를 씻어서 물에 불려 두었다가 말끔히 거피한 후 믹서에 물과 녹두를 넣고 곱게 간다. 강판에 간 양파를 녹두반죽에 넣어 농도를 조절한 후 소금으로 간을 한다.
❷ 소고기는 1㎝ 두께의 적감으로 떠서 김치보다 약간 길게 썰어 양념한다. 김치는 속을 털어내고 길이 10㎝, 폭 2㎝로 썰어 참기름과 깨소금으로 양념하여 무친다. 느타리버섯은 손으로 먹기 좋은 크기로 찢는다. 대파도 소금과 참기름 양념을 살짝 하고 김치와 같은 길이로 썬다. 고사리는 물에 불린 후 삶아 10㎝ 길이로 자른다. 소금과 다진 마늘, 참기름으로 양념한다.
❸❹❺ 꼬치에 소고기, 김치, 대파, 느타리버섯, 고사리를 가지런히 꿰어 부침가루를 묻히고 녹두반죽을 바른다.
❻ 달궈진 팬에 기름을 두르고 꼬치를 앞뒤로 노릇하게 지진 다음 꼬치를 빼고 썰어서 담는다.

- 이렇게 꼬치에 꿰어 부치면 가지런해서 훨씬 보기에 멋스러운 고급요리가 돼요.
- 부침가루 대신 쌀가루를 입히면 녹두의 거친 식감을 부드럽게 할 수 있어요.

Cooking tip

꼬치를 꼭 빼서 접시에 담아 주세요!

요리별 난이도

Medium

조리시간 : 1시간30분

냉장보관 : 일주일

무갑장과

무는 제가 정말 좋아 하는 재료 중 하나인데요. 이 무갑장과는 갑자기 만드는 장아찌라서 갑장과래요. 이것 또한 궁중음식연구원에서 배운 건데요. 임금님이 드시던 대장금 요리 중에 하나랍니다.

그래도 처음 봤을 때는 과연 맛이 있을까 하는 의구심이 먼저 들었어요. 그런데 막상 먹어보니 아삭아삭 씹는 맛이 일품이었어요. 따끈한 밥에 무갑장과 하나만 있어도 밥 한 그릇 뚝딱이에요.

찬바람이 불기 시작하는 가을이 되어 무가 맛이 제대로 들면 무갑장과를 만들어 식탁에 올려보세요. 흔히 볼 수 없는 메뉴에 모두가 좋아할 거예요. 아이들도 의외로 좋아해서 요즘 민스키친에서 자주하는 반찬이랍니다. 궁중에서 먹던 반찬이라 더 귀하게 여기는 레시피입니다.

준비 재료

무 300g, 진간장 4큰술, 소고기 50g, 마른 표고버섯 2개

양념: 진간장 ½작은술, 설탕 ½큰술, 다진 파 1작은술, 참기름 1큰술, 깨소금 ½큰술

How to make

❶ 무는 4㎝ 길이, 새끼손가락 굵기로 썬 다음 간장 4큰술을 넣어 1시간 절인다.

❷ ❸ 소고기는 가늘게 채 썰고 마른 표고버섯은 물에 불렸다가 채 썰어 소고기와 함께 분량의 재료를 모두 넣어 양념한다.

❹ 달궈진 팬에 소고기와 표고버섯을 볶다가 절인 무를 넣어 함께 볶는다.

❺ ❻ 싱거우면 무를 절였던 간장을 넣어 졸인다.

- 장아찌를 한자로 장과(醬瓜)라고 해요. 갑자기 만들었다고 하여 '갑장과'라고 하는데 궁중에서 먹던 음식이에요. 오이나 무, 미나리 등으로 갑장과를 만들었어요. 간장에 절여서 볶는 반찬으로 소고기와 표고버섯이 들어가 감칠맛도 그만이에요.
- 무 대신 콜라비로 해도 맛있어요. 장아찌는 시간이 오래 걸리는데 이렇게 간장에 절여 볶으면 별미로 먹을 수 있어요.
- 자칫 짤 수 있으니 간장에 절인 무를 최대한 꼭 짠 후 볶으세요.

1
2
3
4
5
6

요리별 난이도

Medium

조리시간 : 30분

냉장보관 : 1일

묵볶이

준비 재료

청포묵 200g, 소고기 50g, 김 1장, 깨소금 · 참기름 조금씩

소고기양념: 진간장 ½큰술, 설탕 1작은술, 다진 파 1작은술, 다진 마늘 ½작은술, 참기름 · 후춧가루 조금씩

1

2

3

4

How to make

❶ 청포묵은 1×1㎝ 크기로 네모나게 썬다.

❷ 소고기는 곱게 다진 후 분량의 재료를 모두 넣고 양념하여 볶는다.

❸ ②에 청포묵을 넣고 같이 볶다가 참기름과 깨소금을 뿌린다.

❹ 마지막에 잘게 부순 김을 얹어 마무리한다.

민지 셰프의 요리 kick!!!

- 청포묵을 소고기와 양념하여 살짝 볶으면 부드럽고 색다르게 즐길 수 있어요.
- 묵을 너무 오래 가열하면 부서질 수 있으니 적당히 볶아 주세요.

요리별 난이도

Medium

조리시간 : 40분

냉장보관 : 3일

홍합장조림

준비 재료

그린 홍합 150g, 녹말물(녹말가루 1작은술, 물 1큰술), 참기름 조금

조림장: 진간장 1큰술, 설탕 ½큰술, 물 ½컵(100㎖), 대파 3㎝ 길이, 마늘 2쪽, 생강 1톨

1

2

3

4

How to make

❶❷ 홍합은 털을 다듬어서 끓는 물에 살짝 데쳐 찬물에 담근 후 껍질을 떼어 준다.

❸ 마늘, 생강은 얇게 저며 썬다. 냄비에 조림장 재료와 홍합을 넣어 약한 불에서 서서히 졸인다.

❹ 국물이 자작하게(3큰술) 졸아들면 녹말물을 넣고 마지막으로 참기름을 떨어뜨려 완성한다.

민지 셰프의 요리 kick! !!

- 홍합을 간장에 졸이면 별미예요.
- 마른 홍합으로 만들어도 맛있어요. 죽과 함께 내면 궁합이 잘 맞지요.

Cooking tip

홍합 살이 부서지지 않게 껍데기에서 살살 떼어 주세요.

요리별 난이도

Medium

조리시간 : 40분

냉장보관 : 2일

맥적

준비 재료

돼지고기(목살) 400g, 달래 20g, 마늘 2쪽

양념장: 된장 1큰술, 물 1큰술, 국간장 1큰술, 청주 1큰술, 물엿 1큰술, 설탕 · 참기름 · 깨소금 ½큰술씩

1

2

3

4

How to make

❶ 돼지고기 목살은 0.7㎝ 두께로 썰어 칼집을 낸다.

❷ 달래는 송송 썰어 주고 마늘은 굵게 다진다.

❸ 양념장에 ①과 ②를 넣고 버무려 20분 정도 간이 배도록 둔다.

❹ 프라이팬이나 직화팬에 굽는다.

- 돼지고기를 된장에 재우면 고기 누린내도 없어지고 식감이 훨씬 부드러워요.
- 양념이 있어서 쉽게 탈 수 있으니 약한 불에서 구우세요. 조심스럽다면 고기를 양념하기 전에 먼저 초벌 구이한 후 양념하여 구우세요.

Cooking tip

된장 1큰술이 신의 한수!

PART 06

장아찌 & 장

요리별 난이도
Easy
조리시간 : 30분
냉장보관 : 한달

부추장아찌

준비 재료

부추 2단, 진간장 2컵(400㎖), 멸치액젓 2컵(400㎖), 설탕 2컵(400㎖), 식초 2컵(400㎖), 소주 1컵(200㎖)

How to make

❶ 냄비에 진간장, 멸치액젓, 설탕, 식초, 소주를 넣고 팔팔 끓인 후 차갑게 식힌다.

❷ 용기에 깨끗이 씻은 부추를 담고 ①을 부어 일주일 이후부터 먹는다.

민지 셰프의 요리 kick!!!

- 액젓은 4~5월에 잡은 멸치로 6월 초순에 멸치젓을 만들어야 제 맛이에요.
- 부추는 3월에 나는 것이 가장 좋아요. 5월이 지나면 점점 맛이 떨어져요.
- 다 만든 장아찌는 최대한 공기가 들어가지 않게 보관을 잘 해야 맛있는 장아찌가 돼요.

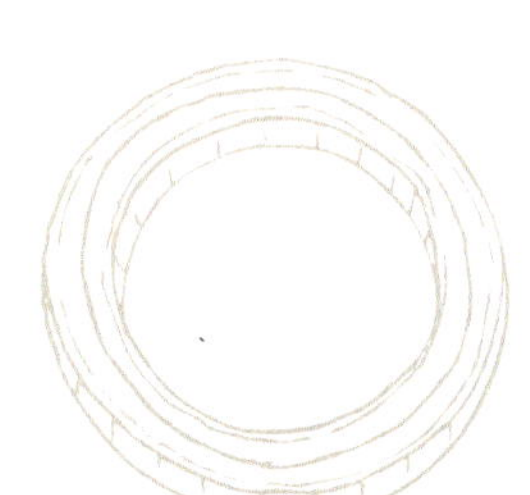

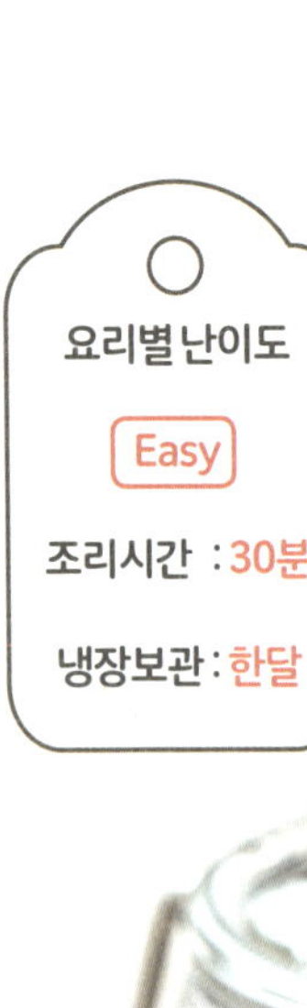
요리별 난이도
Easy
조리시간 : 30분
냉장보관 : 한달

감자장아찌

준비 재료

감자 5개(1kg)

장물: 물 2½컵(500㎖), 진간장 1컵(200㎖), 식초 ½컵(100㎖), 설탕 ½컵(100㎖)

How to make

❶ 감자는 채칼로 종이처럼 얇게 저민 후 물에 4시간 정도 담가 전분을 뺀다.

❷ 냄비에 장물 재료를 모두 넣고 끓여서 완전히 식힌 후 전분 뺀 감자에 붓는다. 4일 후에 장만 한 번 더 끓였다가 식으면 붓는다. 이틀 후에 먹으면 된다.

- 고기를 먹을 때 곁들이면 금상첨화예요. 상큼해서 고기 맛을 돋워요.
- 장아찌는 보관이 중요한데 공기나 다른 물이 들어가면 변질되기 쉬우니 주의하세요.
- 김치냉장고에서 한 달 정도 보관이 가능해요.

요리별 난이도
Easy
조리시간 : 30분
냉장보관 : 한달

셀러리장아찌

준비 재료

셀러리 1kg, 양파 300g, 청양고추 100g, 홍고추 100g, 통마늘 200g
장물: 진간장 2컵(400㎖), 식초 3컵(600㎖), 설탕 3컵(600㎖)

How to make

❶ 셀러리는 잎을 떼어 낸 다음 어슷하게 썬다.
❷ 양파, 청양고추, 홍고추는 어슷썰기 한 후 씨는 털어낸다. 마늘은 적당한 크기로 썬다.
❸ 용기에 ①과 ②를 담고 장물을 끓였다가 식혀서 붓는다.
❹ 하루 정도 지나면 먹을 수 있다.

• 오래 보관할 때는 건더기는 건져서 탈수시키고 장물은 끓여서 식힌 다음 다시 부어 줍니다.

요리별 난이도
Easy
조리시간 : 20분
냉장보관 : 한달

깻잎장아찌

준비 재료

깻잎 100장, 청양고추 10개

장물: 진간장 1½컵(300㎖), 물 1컵(200㎖), 식초 ½컵(100㎖), 설탕 ½컵(100㎖)

How to make

❶ 깻잎은 꼭지를 잘 정리해서 깨끗이 씻어 물기를 제거한다.

❷ 청양고추는 포크로 한 번씩 찍어 구멍을 낸다.

❸ 장물을 끓인다.

❹ 용기에 깻잎과 청양고추를 담고 ③의 장물을 뜨거울 때 붓는다.

• 깻잎을 살짝 데쳐서 할 경우에는 장물을 끓여서 식힌 후 부으세요. 양이 많을 때는 깻잎을 데쳐서 해야 장물이 고루 스며들어 맛있어요.

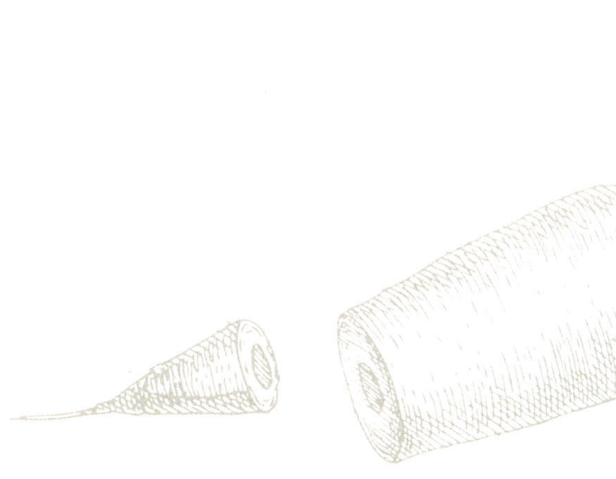

요리별 난이도
Medium
조리시간 : 1시간 20분
냉장보관 : 한달

버섯장아찌

준비 재료

새송이 500g, 느타리 500g, 소금 3큰술

장물: 진간장 2½(500㎖), 설탕 ½컵(100㎖), 물엿 2½컵(500㎖), 물 5컵(1ℓ)

How to make

❶ 새송이는 한입 크기로 썰어주고 느타리는 손으로 찢어준다.

❷ 소금이 녹아 버섯에서 수분이 올라오면 손으로 꼭 짜서 물기를 제거한다.

❸ 냄비에 장물 재료를 모두 넣고 약한 불에서 20분간 끓인다. 용기에 ②를 담고 끓인 장물을 뜨거울 때 붓는다.

❹ 다음 날 장물만 따라 한 번 더 끓인 후 부어 준다.

- 다음 날 장물을 끓일 때는 수분이 증발되어야 하므로 30분 정도 약한 불에서 끓여 주세요.
- 버섯을 소금에 절이면 식감이 꼬들꼬들해져요.

장아찌 & 장

요리별 난이도

Easy

조리시간 : 20분

냉장보관 : 한달

토마토장아찌

준비 재료

파란 토마토 1kg, 소금 1큰술

장물: 물 2½컵(500㎖), 진간장 1¼컵(250㎖), 식초 ¼컵(50㎖), 설탕 ¼컵(50㎖)

How to make

❶ 토마토는 깨끗이 씻어 4등분 한 후 소금을 살짝 뿌려 30분간 둔다.

❷ 냄비에 장물 재료를 모두 담고 약한 불에서 끓인 후 식힌다.

❸ 용기에 수분을 뺀 토마토를 담고 ②의 장물을 붓는다.

❹ 냉장보관 한 후 3일 후부터 먹는다.

민지 셰프의 요리 kick!!!

- 4월쯤 나오는 파란 토마토로 만들어야 맛있어요.
- 오래 보관해서 먹는 것은 피하세요.
- 피클 대용품으로 딱이에요.

장아찌 & 장

해물강된장

준비 재료

감자 2개, 양파 ½개, 애호박 ½개, 대파 3대, 홍고추 ½개, 청양고추 1개, 오징어 ½마리, 새우 50g, 된장 3큰술, 고추장 1큰술, 고춧가루 1큰술

How to make

❶ 감자와 양파, 애호박은 1×1㎝ 크기로 잘게 썬다.
❷ 대파와 고추류는 송송 썬다.
❸ 오징어와 새우도 1×1㎝ 크기로 썬다.
❹ 냄비에 된장, 고추장, 고춧가루와 손질한 재료를 모두 넣고 약한 불에서 감자가 익을 때까지 잘 섞어 가며 익힌다.

우렁두부쌈장

준비 재료

우렁 50g, 된장 5큰술, 고추장 2큰술, 고춧가루 1큰술, 으깬 두부 8큰술, 다진 양파 3큰술, 다진 파 2큰술, 다진 마늘 1큰술, 다진 표고버섯 3큰술, 청주 ½컵, 물 ½컵, 들기름 3큰술

How to make

냄비에 들기름을 넣고 양파를 볶다가 모든 재료를 넣고 끓여 완성한다.

민지 셰프의 요리 kick! !!

- 두부는 거칠게 으깬 뒤 뜨거운 물에 한 번 데쳐서 사용합니다.
- 밥에 비벼 먹어도 맛있고 채소 쌈에도 잘 어울립니다.

멸치고추쌈장

준비 재료

국물용 멸치 80g, 된장 6큰술, 청양고추 3개, 홍고추 2개, 양파 ¼개, 다진 파 2큰술, 다진 마늘 1큰술, 다진 생강 1작은술, 참기름 3큰술, 물 ½컵, 설탕 ½작은술, 깨소금 1큰술

How to make

❶ 마른 팬에 멸치를 볶다가 멸치 냄새가 나면 참기름을 두르고 기름이 끓을 때까지 가열한다.
❷ 청양고추, 홍고추, 양파는 거칠게 다진다.
❸ ①에 깨소금을 제외한 모든 재료를 넣고 끓인다.
❹ 마지막에 깨소금을 넣고 한 번 더 끓인 후 완성한다.

민지 셰프의 요리 kick! !!

• 멸치와 고추가 들어간 깔끔한 쌈장이에요. 특히 양배추를 쪄서 쌈을 쌀 때 곁들이면 좋아요.

닭고기견과류쌈장

준비 재료

닭가슴살 200g, 견과류 50g
닭고기양념: 진간장 1작은술, 고추장 1작은술, 고춧가루 1작은술, 설탕 1작은술, 다진 마늘 1큰술, 후춧가루 조금
쌈장양념: 된장 5큰술, 고추장 3큰술, 고춧가루 1큰술, 다진 마늘 1큰술, 참기름 1큰술, 깨소금 1큰술, 다진 청양고추 · 홍고추 3큰술씩

How to make

❶ 닭가슴살은 깨끗이 씻어 잘게 다진 후 분량의 재료로 양념한다.
❷ 기름 두른 팬에 ①을 넣고 볶는다.
❸ ①에 쌈장양념을 모두 넣고 약한 불에서 은근히 끓인다.

민지 셰프의 요리 kick! !!

• 센 불에서 끓이면 탈 수 있으니 약한 불에서 서서히 익히세요.
• 쌈밥에도 잘 어울려요.

PART 07

한 그릇 밥

요리별 난이도
Medium
조리시간 : 40분
냉장보관 : 1일

가지찹쌀밥

준비 재료

가지 2개, 불린 찹쌀 2컵, 돼지고기(등심) 120g, 물 1⅔컵(350mℓ)

돼지고기양념: 진간장 2큰술, 다진 마늘 1큰술, 다진 파 2큰술, 참기름 · 후춧가루 조금씩

양념장: 진간장 4큰술, 참치액 1큰술, 참기름 1큰술, 다진 마늘 1 작은술, 다진 파 1큰술, 고춧가루 1작은술, 깨소금 1작은술

How to make

❶ 돼지고기는 잘게 썰어 양념해 둔다.

❷ 가지는 썰어서 기름을 두른 팬에 굽는다.

❸ 뚝배기에 ①과 불린 찹쌀을 넣고 볶은 다음 분량의 물을 넣고 7분 정도 끓인다. 가지를 넣고 뚜껑을 닫은 후 약한 불에서 7분간 더 끓이다가 5분간 뜸을 들여 완성한다. 양념장을 곁들여 낸다.

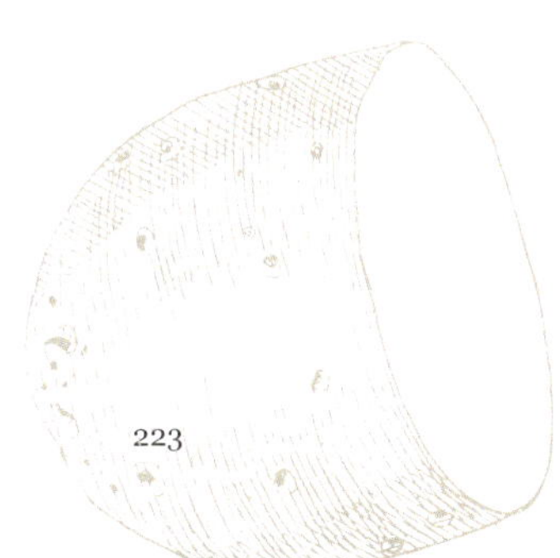

요리별 난이도

Medium

조리시간 : 30분

냉장보관 : 1일

QR코드를 찍으면
만들기 동영상

준비 재료

쌀 2컵, 물 3컵(600㎖), 다시마가루 1큰술, 건조 톳 20g

양념장: 진간장 3큰술, 국간장 · 참치액젓 · 고춧가루 1큰술씩, 다진 마늘 · 다진 파 · 깨소금 조금씩, 다진 파 · 다진 고추 1큰술씩

How to make

❶ 다시마는 프라이팬에 말리듯이 구워 식으면 믹서에 간다.

❷ 건조한 톳은 찬물에 20분 정도 담가 불린다.

❸ 냄비에 쌀 2컵과 물 3컵, 다시마가루, 톳을 넣고 센 불에서 7분간(끓을 때까지), 약한 불에서 10분, 불을 끄고 5분 정도 뜸을 들여서 완성한다.

• 다시마는 태우면 쓴맛이 나기 때문에 약한 불에서 천천히 구워 주세요.

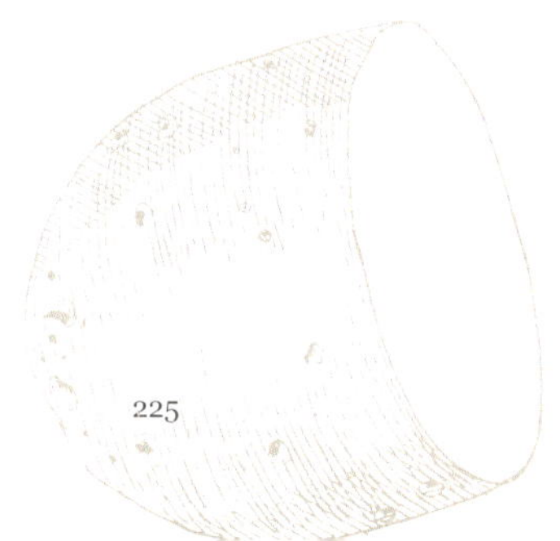

요리별 난이도

Medium

조리시간 : 30분

냉장보관 : 1일

냉이나물밥

준비 재료

불린 쌀 2컵, 냉이 100g, 멸치국물 2컵(400㎖), 들기름 1큰술

양념장: 진간장 2큰술, 국간장 1작은술, 다진 청양고추 1작은술, 다진 홍고추 1작은술, 고춧가루 1작은술, 참기름 · 통깨 1작은술씩

How to make

❶ 쌀은 잘 씻어서 30분간 불린다.

❷ 냉이는 뿌리 쪽에 흙을 잘 털어내고 두꺼운 부분은 칼집을 넣어 반으로 가른 후 먹기 좋게 썬다.

❸ 냄비에 들기름을 두른 후 쌀을 넣고 냉이를 올린 다음 멸치국물을 붓는다.

❹ 센 불에서 10분(끓을 때까지), 약한 불에서 7분, 뜸 5분을 들여 완성한다. 밥이 다 되면 양념장을 곁들여 상에 낸다.

민지 셰프의 요리 kick!!!

• 냉이가 제철일 때 먹으면 향이 좋아 군침이 절로 돌아요.

• 냉이가 많이 나올 때 데쳐서 냉동했다가 사용해도 좋아요.

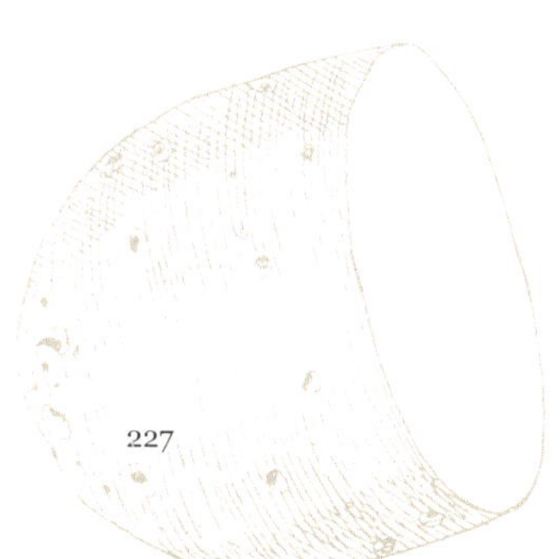

요리별 난이도

Medium

조리시간 : 1시간

냉장보관 : 1일

무밥

준비 재료

불린 쌀 2컵, 무 ½개(100g), 소금 1큰술, 참기름 1큰술, 물 2컵(400㎖)

양념장: 진간장 3큰술, 멸치국물 5큰술, 고춧가루 2큰술, 참치액 1큰술, 다진 파 1큰술, 다진 마늘 1작은술, 참기름 2큰술, 통깨 1큰술

How to make

❶ 쌀은 잘 씻어서 30분간 불린다.

❷ 무는 굵게 썰어 소금 1큰술을 뿌려 20분간 절인 후 물기를 꼭 짠다. 간을 보고 짜면 물에 헹군 후 물기를 짠다.

❸ ②의 무에 참기름을 넣고 버무린다.

❹ 냄비에 쌀을 담고 ③을 올린 다음 물을 붓는다.

❺ 센 불에서 10분(끓을 때까지), 약한 불에서 10분, 뜸 5분을 들여 완성한다. 밥이 다 되면 양념장을 곁들여 상에 낸다.

민지 셰프의 요리 kick! !!

• 무를 한 번 절여서 사용하면 식감도 좋아지고 수분이 덜 나와 밥이 더 맛있어요.

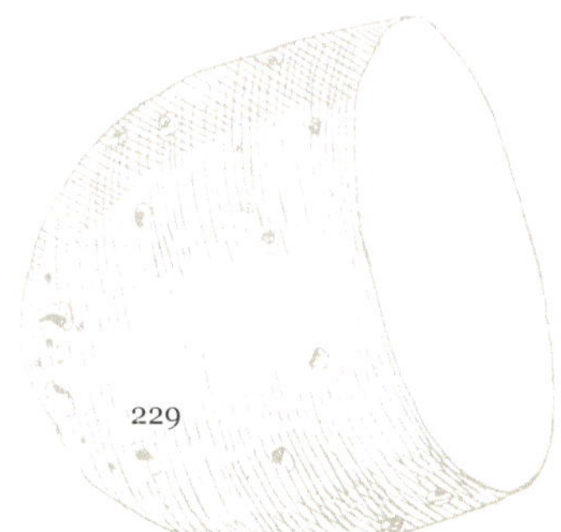

요리별 난이도

Medium

조리시간 : 40분

냉장보관 : 1일

소고기김치밥

준비 재료

불린 쌀 2컵, 간 소고기 50g, 익은 김치 100g, 설탕 1큰술, 들기름 2큰술, 깨소금 1큰술, 물 2컵(400㎖)

How to make

❶ 익은 김치는 잘게 다져 설탕에 버무린 후 들기름을 두른 팬에 볶아 준다.

❷ 냄비에 들기름을 두르고 불린 쌀과 소고기를 같이 볶다가 소고기가 익으면 ①의 김치를 올리고 분량의 물을 붓는다.

❸ 센 불에서 8분, 약한 불에서 5분, 뜸 5분을 들여 완성한다. 뜸이 들면 위아래를 섞어 준 다음 깨소금을 뿌려 상에 낸다.

민지 셰프의 요리 kick!!!

- 반찬하기 힘들 때 별미밥이나 김치볶음밥 대신 해 먹으면 간단해요.
- 손님상 마지막에 내는 식사 메뉴로도 좋아요.

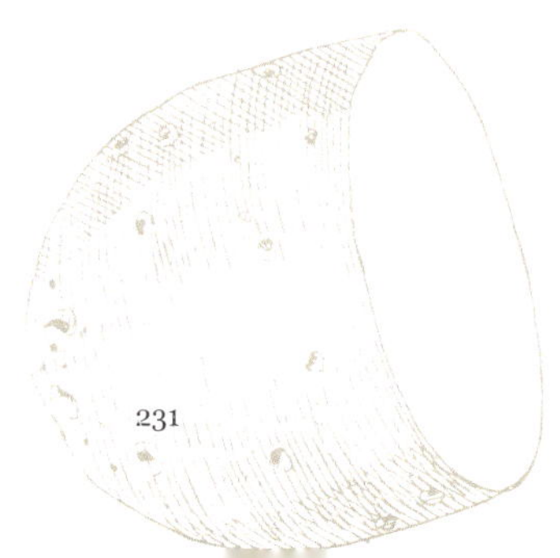

요리별 난이도

Medium

조리시간 : 30분

냉장보관 : 1일

낙지젓갈 돌솥밥

준비 재료

불린 쌀 2컵, 낙지젓갈 100g, 송송 썬 대파 1큰술, 편마늘 1작은술, 참기름 2큰술, 물 2컵(400㎖)

How to make

❶ 불린 쌀에 참기름을 넣고 섞은 후 냄비에 담고 낙지젓갈을 올린다. 그 위에 송송 썬 대파, 편마늘을 올리고 물을 붓는다.

❷ 센 불에서 10분(끓을 때까지), 약한 불에서 7분, 뜸 5분을 들여 완성한다.

민지 셰프의 요리 kick!!!

- 낙지가 야들야들하게 익어서 식감이 참 좋아요.
- 낙지 대신 오징어나 명란젓을 이용해도 좋아요.

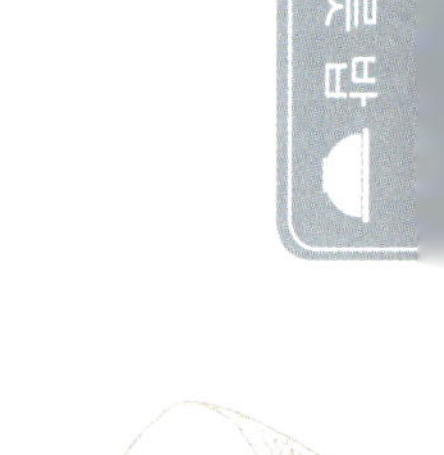

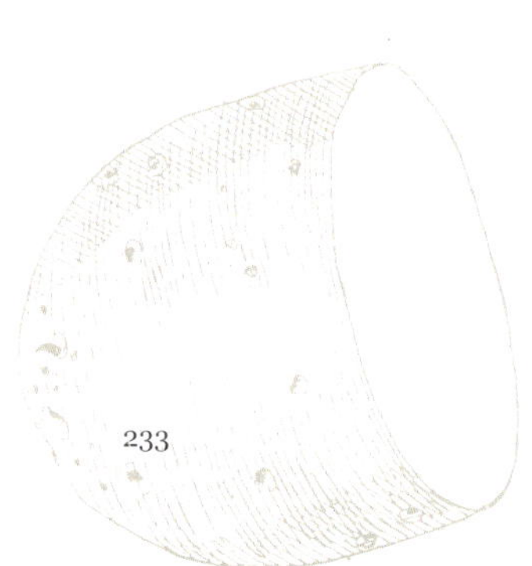

요리별 난이도

Medium

조리시간 : 40분

냉장보관 : 1일

된장시래기 나물밥

준비 재료

불린 쌀 2컵, 찹쌀 ½컵, 시래기 200g, 물 2¼컵

시래기양념: 된장 1큰술, 국간장 ½큰술, 다진 마늘 ½큰술, 참기름 3큰술

양념장: 진간장 4큰술, 물 2큰술, 참치액 1큰술, 다진 청양고추 · 홍고추 1큰술씩, 송송 썬 쪽파 1큰술, 고춧가루 1큰술, 통깨 2큰술

How to make

❶ 시래기는 깨끗이 씻어 끓는 물에 40분간 삶아 준 다음 얇은 껍질을 제거한다.

❷ ①의 시래기를 4㎝ 길이로 썰어 양념을 넣어 조물조물 주무른다.

❸ 전기밥통에 불린 쌀과 찹쌀, 시래기 순으로 넣고 압력으로 밥을 한다.

❹ 양념장을 만들어 곁들여 낸다.

• 시래기 말고 고사리나 곤드레나물로 만들어도 맛있어요.

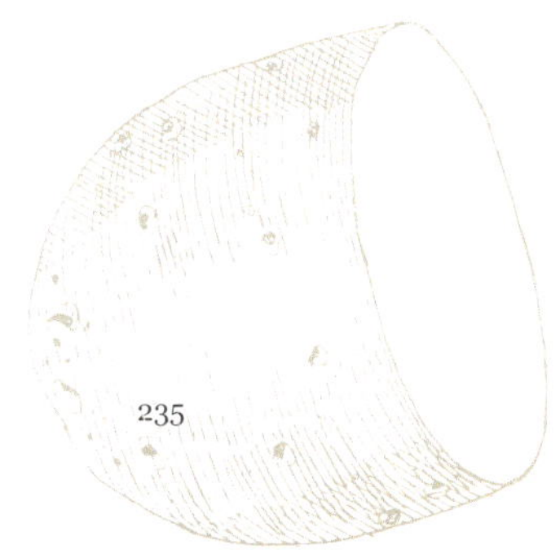

아리요

CERAMICS
LOKO LIVING

| 탐나는 스타일 DVD북 시리즈 |

간단 안주의 황홀한 유혹

❶ 강지수의 탐나는 술안주

술맛 아는 여자, 그래서 더욱 안주에 예민한 미각을 가진 저자가 소문난 술집보다 더 맛있는 안주 레시피를 공개한다. 독특한 메뉴들이지만 만들기가 쉬워 어떤 술안주를 선택하든 커다란 만족을 얻을 것이다.

강지수 지음 | 280쪽 | 23,800원 | DVD 포함

뷰티블로거 유진샹의 셀프네일

❷ 유진샹의 탐나는 네일아트

5분 터치로 손이 예뻐지는 러블리 네일아트 67가지. 매일 1만 5천 명 이상이 방문하는 네이버 블로그 '유진샹의 셀프네일'의 최유진이 블로거 1천만 명이 추천한 베스트 네일아트를 선별해 소개한다.

최유진 지음 | 228쪽 | 23,800원 | DVD 포함

'세계 라떼아트 챔피언십' 우승자!

❸ 하루나의 탐나는 라떼아트

가정용 에스프레소 머신이 일반화된 요즘, 간단한 도구만 있다면 누구나 라떼아트를 할 수 있다. 라떼아트 초보자들을 위해 재료와 도구부터 손질 노하우는 물론 전문가의 테크닉까지 알차게 담아 기본부터 고급까지 라떼아트의 기술을 한 눈에 볼 수 있도록 구성했다.

무라야마 하루나 감수 | 116쪽 | 18,500원 | DVD 포함

파티의 여왕

❹ 변정수의 탐나는 하우스 파티

할로윈, 크리스마스, 아이들 생일 등 매년 5회 이상의 크고 작은 하우스파티를 여는 여자 변정수. 그간 실전에서 쌓은 파티 노하우를 한 권에 담았다. 최소 비용으로 최대 효과를 내는 파티 메이킹에 주목해보자.

변정수 지음 | 240쪽 | 23,800원 | DVD포함

맛있는 딸기쇼트케이크와 롤케이크&버터스펀지, 시폰케이크&비스퀴

❺❻ 고지마 루미의 탐나는 케이크 1 & 2

일본의 케이크 명장인 고지마 루미의 케이크 책. 케이크의 기본에서 응용까지의 정석을 제대로 담았다. 1권은 딸기쇼트케이크, 2권은 시폰케이크 만들기로 구성. 반죽에 목숨 거는 고지마 루미의 맛있는 반죽 만들기 테크닉을 배울 수 있다.

고지마 루미 지음 | 140쪽, 124쪽 | 20,500원 | DVD포함

홈메이드 믹싱 칵테일 76가지

❼ 탐나는 칵테일

믹솔러지스트와 바리스타로 활약하며 다이닝바를 운영해온 두 명의 저자가 요리보다 쉬운 칵테일을 선별해 소개한다. 특별한 도구 없이도 누구나 쉽게 만들 수 있는 76가지 홈메이드 칵테일 레시피를 담았다.

박주화 · 김기용 지음 | 192쪽 | 22,000원 | DVD포함

요리하는 한의사의 오장 해독 주스와 약차 56가지

❽ 신동진의 탐나는 해독 주스

오장이 쌩쌩하게 가동하면 체중감량, 변비해소, 혈액순환 개선, 피부재생 등의 효과가 있다. 책에 있는 레시피대로 각 장기 해독에 맞는 주스를 마시고 2주 내에 달라지는 컨디션을 느껴보자.

신동진 지음 | 212쪽 | 23,800원 | DVD포함

김민지의 탐나는 집반찬

초판 1쇄 인쇄 2015년 12월 10일
초판 1쇄 발행 2015년 12월 21일

지은이 김민지
펴낸이 이범상
펴낸곳 ㈜비전비엔피 · 이덴슬리벨

기획편집 이경원 박월 윤자영 강찬양
진행 윤자영
디자인 최희민 김혜림 이미숙
사진 스튜디오 록 이보영
영상제작 이미지
마케팅 한상철 이재필 김희정
전자책 김성화 김소연
관리 박석형 이다정
그릇협찬 도예가 김영환(아리요: 서울 종로구 계동 120-1) 스푼센스(www.spoonsense.co.kr) 로코리빙(lokoliving.com)

주소 우)04034 서울특별시 마포구 잔다리로7길 12(서교동)
전화 02)338-2411 **팩스** 02)338-2413
홈페이지 www.visionbp.co.kr
이메일 visioncorea@naver.com
원고투고 editor@visionbp.co.kr

등록번호 제2009-000096호

ISBN 978-89-91310-79-7 (13590)

· 값은 뒤표지에 있습니다.
· 파본이나 잘못된 책은 구입처에서 교환해 드립니다.
· DVD 재생에 관한 문의는 02-338-2411(토, 일 공휴일을 제외한 10:00~17:00)로 주시기 바랍니다.

이 도서의 국립중앙도서관 출판시도서목록(CIP)은 서지정보유통지원시스템 홈페이지(http://seoji.nl.go.kr)와 국가자료공동목록시스템(http://www.nl.go.kr/kolisnet)에서 이용하실 수 있습니다.(CIP제어번호 : 2015032509)